精装房
软装设计

DECORATION
DESIGN BOOK

空间设计搭配法则

李江军◎编

中国电力出版社
CHINA ELECTRIC POWER PRESS

内 容 提 要

本书以家居空间的软装搭配细节为主线，分为玄关、客厅、餐厅、卧室、儿童房、书房、厨卫七章内容。书中对每一类空间的照明设计、家具类型与功能尺寸、布艺织物的应用、墙面的软装设计、插花与摆件工艺品搭配等软装设计环节用图文结合的形式进行解析，结构清晰易懂，知识点深入浅出，帮助读者快速学习精装房软装设计知识。

图书在版编目（CIP）数据

空间设计搭配法则 / 李江军编 . — 北京 ：中国电力出版社，2021.10
（精装房软装设计）
ISBN 978-7-5198-5927-5

Ⅰ . ①空… Ⅱ . ①李… Ⅲ . ①住宅－室内装饰设计 Ⅳ . ① TU241

中国版本图书馆 CIP 数据核字 (2021) 第 172732 号

出版发行：中国电力出版社
地　　址：北京市东城区北京站西街 19 号（邮政编码 100005）
网　　址：http://www.cepp.sgcc.com.cn
责任编辑：曹　巍　（010-63412609）
责任校对：黄　蓓　王小鹏
装帧设计：唯佳文化
责任印制：杨晓东

印　　刷：北京九天鸿程印刷有限责任公司
版　　次：2021 年 10 月第一版
印　　次：2021 年 10 月北京第一次印刷
开　　本：787 毫米 ×1092 毫米　16 开本
印　　张：12
字　　数：314 千字
定　　价：68.00 元

目录
Contents

第一章

玄关空间软装搭配细节

玄关软装搭配法则

1 玄关桌与鞋柜、换鞋凳等是玄关的主体家具，其中鞋柜和换鞋凳注重实用性，而玄关桌以展示软装摆件的功能为主，更注意装饰性。

2 玄关一般都不会紧挨窗户，要想利用自然光来提高光感比较困难。因此，合理的灯光设计不仅可以提供照明，还可以烘托出温馨的氛围。

3 玄关地面的使用频率很高，地毯除了装饰性以外，还应选择耐磨耐用的材质，避免选择长毛地毯。

4 玄关桌上的软装饰品宜简宜精，既可以与台灯呈对称摆设，也可以一两个高低错落摆放，形成别致巧妙的三角构图。

5 墙面可选择精致小巧、画面简约的装饰画，也可选择格调高雅的抽象画或静物、插花等题材的装饰画。

6 玄关的墙面上安装了不同形状、不同色彩的挂钩，除了挂放一些日常用品之外，同样具有很好的装饰作用。

玄关灯光照明设计

不同户型的玄关照明重点

　　玄关一般都不会紧挨窗户，要想利用自然光来提高光感比较困难，而合理的灯光设计不仅可以提供照明，还可以烘托出温馨的氛围。除了一般式照明外，还应考虑到使用的方便性。可在鞋柜中间和底部设计间接光源，以方便换鞋。如果有绿色植物、装饰画、工艺品摆件等软装配饰时，可采用筒灯或轨道灯，形成焦点聚射。

△ 鞋柜的底部设计间接光源

◎ 玄关是通往客厅的走道

　　可以采用背景式照明，或者具有引导功能的照明设备，比如壁灯、射灯等。

△ 筒灯、射灯与落地灯结合的灯具搭配方式

◎ 过于狭长的玄关通道

　　可以通过在吊顶间隔布置多盏吊灯的手法，将空间分割成若干个小空间，从而化解玄关过长的问题。同时多盏灯饰的布置，也丰富了玄关空间的装饰性。

△ 在顶面间隔布置多盏吊灯的灯具搭配方式

不同风格的玄关灯具搭配

玄关柜上可摆放对称的台灯作为装饰，一般没有实际的功能性。也可使用三角构图，摆放一个台灯，与其他摆件和挂画协调搭配，但要注意台灯的色彩要与后面的挂画色彩形成呼应。此外，玄关灯具的选择一定要与整个家居的装饰风格相搭配。

△ 台灯与其他摆件按三角形构图的方式进行摆设

◎ 现代风格玄关

一般选择灯光柔和的筒灯或者隐藏于顶面与墙面的灯带进行装饰。

△ 现代风格玄关的灯具搭配

◎ 欧式风格玄关

玄关正上方的顶部安装大型多层复古吊灯，灯的正下方摆放圆桌或者方桌搭配相应的插花，用来增强高贵隆重的仪式感。

△ 欧式风格玄关的灯具搭配

如果是欧式风格的别墅，玄关处的吊灯一定不能太小，高度不宜吊得过高，要相对客厅的吊灯更低一些，跟桌面花艺做很好的呼应，灯光要明亮。

玄关家具类型与功能尺寸

▶ 鞋柜

　　鞋柜常受限于空间不足，小面积玄关通常需将收纳功能整合并集中于一个柜体，再经过仔细规划设计，才能将小空间发挥到极致，满足所有收纳的需求。

　　鞋柜不建议选择顶天立地的款式，做上下断层的造型会比较实用，分别将单鞋、长靴、包包和零星小物件等分门别类。同时，可以有放置工艺品的隔层，陈设一些小物件，如镜框、花器等提升美感，给人带来良好的第一印象。

　　鞋柜通常都会放在入户门的两侧，至于具体是左边还是右边，可以根据入户门开启的方向来定。一般柜子应放在入户门打开后空白的那面墙，而不应放在打开的门后。

△ 鞋架 + 封闭式收纳柜 + 挂钩的组合

△ 整体鞋柜中增加一部分开放式展示柜

△ 中间断层，上下柜结合的鞋柜形式

不到顶的鞋柜正常高度为 85~90cm；到顶的为了避免过于单调，分上下柜，下柜高度同样是 85~90cm，中间镂空 35cm，剩下是上柜的高度尺寸。男鞋与女鞋大小不同，因此鞋柜内的深度一般为 35~40cm，让大鞋子也刚好能放得下，但若能把鞋盒也放进鞋柜，则深度至少需 40cm，建议在定做或购买鞋柜前，先测量好自己与家人的鞋盒尺寸作为依据。

由于男鞋一般较矮，所以层板的基准间距，以女性高跟鞋作为参照标准，一般为 16cm。但是由于鞋子本身尺寸高度不一，层板标准间距 16cm，显然不能满足所有类型鞋子的需求。可以在定制鞋柜时，在侧板上每隔 32mm 打一个孔，这样所有层板都可以根据鞋子高度任意上下调整，达到所需的最佳间距，不浪费空间。

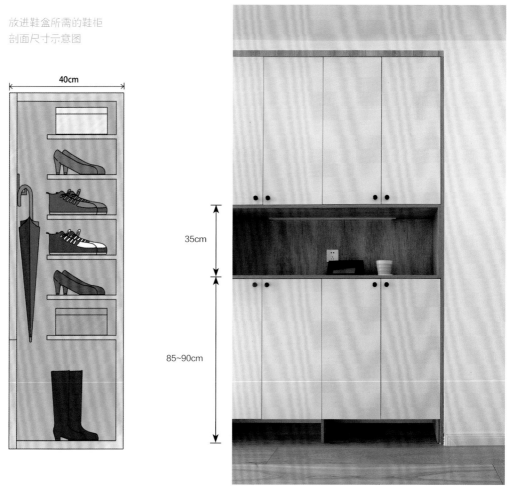

放进鞋盒所需的鞋柜
剖面尺寸示意图

△ 高度到顶但上下柜分别安置的鞋柜尺寸

鞋柜内鞋子的放置方式有直插、平放和斜摆等，不同方式会使柜内的深度与高度有所改变，而在鞋柜的长度上，一层要以能放 2~3 双鞋为主，千万不能出现只能放一只鞋的空间。

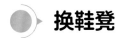

换鞋凳

玄关入口放置玄关凳，可以为居家生活提供极大的便利。如果换鞋凳自带收纳，或者利用其他收纳器具做凳子使用，是另一种实用做法。

换鞋凳的长度和宽度相对来说没有太多的限制，可以随意一些，一般的尺寸为 40cm×60cm 较为常见，也有 50cm×50cm 的小方凳或者 50cm×100cm 的长方形换鞋凳。高度是以人的舒适性为标准来选购或定制，通常 60cm~80cm 的高度最为舒适。

在换鞋凳这个问题上，因为使用者的身高不一样，所使用的舒适度也不太一样。如果使用者身高过高或是过矮的话，可以考虑定做换鞋凳，如果觉得大众化的高度坐着也很舒服，购买成品换鞋凳比较方便。如果家中有小孩，可以结合孩子的身高，设计高低两个凳台面，高的供大人使用，另一个低的凳面用于孩子换鞋。

△ 玄关换鞋凳的常规尺寸

△ 根据使用者高度定制的换鞋凳

△ 卡座造型的换鞋凳增加居家舒适性

◎ **嵌入式换鞋凳**　　这种换鞋凳往往和衣柜、衣帽架等一体打造，嵌入墙体。由于需要定制，这样换鞋凳可以更加适应不同户型的需要。同时由于和其他功能区一体打造，也可以获得更高的空间利用率。

◎ **收纳式换鞋凳**　　小户型空间中，换鞋凳自带收纳功能。或者利用其他收纳器具做椅凳，是一种非常实用的做法。自带小柜子的换鞋凳足以收纳玄关的零碎物品，柜子台面还可以做一些装饰陈列；或者沿着玄关通道一侧墙面安装一排矮柜，也是常用的做法。

◎ **长椅式换鞋凳**　　如果玄关空间够大，或者收纳需求不多，换鞋凳就不需要考虑收纳功能，简单的一把长椅更有格调。当然除了坐的功能之外，还需要加一些植物、摆件等作装饰。既避免太空，也让此处成为家中赏心悦目的一景，给到访的客人留下好印象。

@ 有宅设计

玄关墙面的软装设计

装饰画

　　玄关位置的装饰画是视觉的焦点。作为整个空间的"门面担当"，装饰画的选择重点是题材以吉祥愉悦为佳，色调与整体风格协调搭配。不宜选择太大的装饰画，以精致小巧、画面简约的无框画为宜。可选择格调高雅的抽象画或静物、插花等题材的装饰画，来展现居住者优雅高贵的气质。此外，通常挂一幅画装饰即可，尽量大方端正，并考虑与周边环境的关系。

　　有时候在玄关柜背后的墙面上搭配一幅装饰画，可以选择非居中位置悬挂。比如玄关柜上的花瓶放在柜体的最右边，那么可以选择在偏左的位置悬挂一幅尺寸较大的画，然后右侧再搭配一个较小的挂件，起到整体平衡作用。

玄关处适合选择格调高雅的抽象画或静物、插花等题材的装饰画。

△ 色彩醒目的装饰画可形成玄关处的视觉中心，但要注意与其他空间色彩的协调

装饰镜

一般玄关的面积都不算大，因此借助装饰镜的反射作用来扩充视觉空间是再合适不过的了。不但缓解了小玄关的窄小紧迫感，进出门时还可以利用玄关镜子整理自己的仪表，真可谓是一举两得。

通常直接对门的玄关不适合挂大面镜子，可以设置在门的旁边；如果玄关在门的侧面，最好一部分放镜子，和玄关成为一个整体；但如果是带有曲线的设计，也可以全用镜子来装饰。

△ 采光不佳的玄关区域利用大块镜面扩大空间感，并用灯带进行勾勒装饰

玄关处的装饰镜宜挂放在门开启方向的另一侧墙面上。

△ 在面积狭小的空间中，装饰镜的运用可实现视觉上的扩容

挂钩

　　玄关的墙面除了悬挂一些体积较小的壁饰工艺品之外，安装挂钩是一个不错的选择。

　　挂钩虽然不起眼，但搭配得当也能带来十分不错的收纳效果和装饰效果。特别是狭长形的玄关，其大面积的空白墙面正好可以用于装置挂钩，能在很大程度上提升立面空间的收纳效率。很多小户型会选择在玄关空间直接摆放一个矮鞋柜，那么柜子的上方就可以设计一些挂钩，用于挂放诸如帽子、围巾、挂包和钥匙之类的日常用品，不仅不占用空间，而且取放也十分方便。也可以把挂钩设置在柜子另一侧的墙面上，用于收纳比较长的衣服、围巾等。挂钩的下方还可以用来摆放换鞋凳、伞架等零碎物品。

△ 动物造型的铁艺挂钩富有趣味性，安装时注意牢固度　　　　△ 富有趣味性的字母挂钩可悬挂钥匙等小物品

挂钩的高度和数量搭配较为灵活，可根据实际空间的大小面积以及业主的身高进行选择。此外，还可以专门为孩子增加几个低矮的挂钩，以培养孩子收纳的习惯。挂钩的款式搭配也十分重要，选择一些不同形状、不同色彩的挂钩，能为玄关空间带来别样的装饰效果。

1 吸盘挂钩

2 无痕挂钩

△ 高低错落安装的挂钩让墙面显得更有层次感

玄关插花与摆件工艺品搭配

插花

　　玄关处的插花通常较为小巧，是镜子或是装饰画旁的点睛之笔。通常偏暖色的插花可以让人一进门就心情愉悦。另外还要考虑光线的强弱，如果光线较暗，除了应选用耐阴植物或者仿真花、干燥花之外，还要选择鲜艳亮丽、色彩饱和度高的插花，营造一种喜庆的氛围。

△ 北欧风格的玄关空间可选择悬挂绿植与摆设藤编容器等方式来表现自然气息

由于玄关面积有限，插花宜选择瘦高的造型，节省空间的同时也提升了视觉层高。

△ 玄关处的插花与花瓶色彩鲜艳亮丽，给人一种宾至如归的喜庆氛围

摆件工艺品

◎ 无柜体的玄关台

玄关区域的摆件工艺品宜简宜精，一两个高低错落摆放，形成三角构图最显别致巧妙。如果是没有任何柜体的玄关台，台面上可以陈设两个较高的台灯搭配一件低矮的花艺，形成两边高中间低的效果。也可以直接用一盆整体形状呈散开状的花艺或者是一个横向长形的摆件去进行陈设。如果觉得摆设的插花不够丰满，还可以在旁边加上烛台或台灯。

◎ 带隔板的玄关柜

由于某些家具的特殊性，例如有的玄关柜的柜体下层会带有隔板，这种情况下一般会选择在隔板上摆放一些规整的书籍或精致储物盒作为装饰。有盒子的情况下还可在边上放一些具有情景画效果的软装饰品。这里所用到的书籍和装饰品具有很强的实体性。那么在旁边还可以搭配一个铁环制品，这类饰品可以很好地

△ 两个较高的台灯对称摆设，中间搭配一组三角形摆设的饰品

△ 摆件工艺品与装饰画通过色彩上的呼应形成一个整体

△ 如果玄关柜的柜体下层带有隔板，可在上面摆放一些规整的书籍或精致储物盒作为装饰

起到虚化作用。在台面上，可以在隔板虚化掉的一边放上陶瓷器皿以及花瓶，然后再加上植物的点缀。这样就可以达到虚实结合的效果。

第二章

客厅空间软装搭配细节

客厅软装搭配法则

① 家具作为客厅中体量最大的软装元素，在布置时除了考虑家具功能、尺寸、结构的实用性，还要考虑其造型与色彩的美观性。

② 客厅中除了主灯之外，还可能有壁灯、落地灯、台灯等其他辅助光源，如何选择合适的灯具，运用多样化的照明方式营造气氛是设计的重点。

③ 墙面是客厅的设计重点，特别是沙发背景墙是软装布置的重中之重。除了装饰画之外，还可以搭配壁饰呼应整体的装饰风格。

④ 客厅窗帘不仅具有遮挡光线的实用功能，而且其色彩和图案对于客厅空间的氛围营造起到很大的作用。

⑤ 地毯是客厅地面的装饰重点，一块色彩或图案相对丰富的地毯，立马会成为空间中的视觉重点。

⑥ 壁炉、茶几和边几等位置是客厅摆设摆件工艺品的重点区域，掌握一定的摆设手法，会让整体空间更为协调。

⑦ 不能忽略抱枕、插花等一些物件的点缀作用，如果是黑白色或中性色的空间中，它们就是最为理想的点缀色。

客厅空间灯光照明设计

客厅照明设计重点

在众多功能空间中，客厅所需要的灯光层次应当是最多的，除了实用性之外，更多的是通过丰富的灯光层次来美化与装点客厅空间。如果是客厅与餐厅处在同一个大的长方形区域内，则需要尽可能保证这个较大空间里灯光分布的均匀性。

@ 臻品空间设计

主灯 通常具有较好的装饰功能，并且提供客厅空间的主要照明。

筒灯 作为重点照明，赋予装饰画更强的立体感和棱角感。

台灯 作为沙发区域的局部照明，满足阅读亮度的需要。

◎ 电视区域照明

　　电视机附近需要有低照度的间接照明，以此来缓冲夜晚看电视时电视屏幕与周围环境的明暗对比，减少视觉疲劳。如放一盏台灯、落地灯，或者在电视墙的上方安装隐藏式灯带，其光源色的选择可根据墙面的本色而定。

△ 电视墙区域提供有低照度的间接照明，满足观看影视的需求

◎ 饰品重点照明

　　客厅空间中可以对某些需要突出的饰品进行重点照明，使该区域的光照度大于其他区域，营造出醒目的效果。比如在挂画、花瓶以及其他工艺品摆件等上方安装射灯，让光线直接照射在需要强调的物品上，达到重点突出、层次丰富的艺术效果。

◎ 沙发区域照明

　　沙发区域的照明需要考虑坐在沙发上的人的主观感受，过于强烈的光线会让人觉得不舒服，容易对人造成眩光与阴影。可以选择台灯或落地灯放在沙发的一端，也可在墙上适当位置安装造型别致的壁灯。

△ 沙发墙区域的照明不宜过于强烈，可通过灯带与台灯等提供亮度需求

△ 对客厅中的饰品进行重点照明可营造出醒目的效果

客厅主灯的选择

为客厅搭配主灯时，应结合客厅的实际面积，选择相应大小的灯具。面积为 10~25m² 的客厅，其灯具的直径尺寸不宜超过 1m，而面积在 30m² 以上的客厅，灯具的直径尺寸一般可在 1.2m 以上。

如果客厅较大而且层高 3m 以上的空间，宜选择大一些的多头吊灯；高度较低、面积较小的客厅应该选择吸顶灯，因为光源距地面 2.3m 左右，照明效果最好。

客厅吊灯下方与地面的最小距离应为 200~210cm，如果是中空挑高的客厅，那么灯具的设计至少不能低于第二层楼的楼板高度。如果在第二层上有窗户，应该将吊灯放在窗户中央的位置，这样就可以从外部观看到灯具。如果客厅的层高较低，则可以选择在顶面设置一盏造型简约的吸顶灯，搭配落地灯的形式进行设计。

△ 面积较大且挑高的客厅空间宜选择大一些的多头吊灯

如果是中空挑高的客厅，那么灯具的设计至少不能低于第二层楼的楼板高度。

△ 层高较低的客厅常选择吸顶灯作为空间的主灯

无主灯的形式是目前一些现代风格客厅比较常用的照明设计方式。除了安装轨道射灯或明装筒灯、均匀分布嵌入式筒灯等方式之外，建议在顶面安装隐藏式灯管的间接照明，让光线到达顶面后再折射下来，产生柔和不刺眼的效果。

吊顶四周或中间开槽做暗藏灯带的设计，因为光源都是反射光，所以整体色温自然而又柔和舒适。

层高较矮且无法做嵌入式筒灯的空间，可以采用明装式的筒灯设计，保持空间的简洁。

@家倍得好设计

轨道射灯是一种比较灵活的照明工具，可以根据照明氛围的需要，灵活调整光线的方向位置。

@陶玺设计

客厅辅助照明灯具

通常较大户型的客厅中除了主灯之外，还需要更多辅助类的灯具，如固定式壁灯、折叠及悬臂壁灯、筒灯、射灯等。如果是要经常坐在沙发上看书，建议用可调的落地灯、台灯来做辅助，以满足阅读亮度的需求。

增加辅助照明灯具后
对于客厅空间氛围的变化

◎ 壁灯

客厅沙发墙上的壁灯，不仅具有局部照明的效果，同时还能在会客时增加融洽的气氛。电视墙上的壁灯可以调节电视的光线，使画面变得柔和，起到保护视力的作用。客厅壁灯的安装高度一般控制在 1.7~1.8m，功率要小于 60 瓦为宜。

◎ 台灯

客厅中的台灯一般摆设在沙发一侧的边几上，属于氛围光源，装饰性多过功能性，在色彩和样式的挑选上要注意跟周围环境协调，通常跟装饰画或者沙发上的抱枕做呼应效果最佳。中式风格空间的装饰台灯多以造型简单、颜色素雅的陶瓷灯为最佳选择。

△ 兼具局部照明与装饰效果的壁灯

△ 客厅中的台灯多为氛围光源，摆设于角几上方

◎ 落地灯

　　落地灯常用作局部照明，不讲究全面性，而强调移动的便利，善于营造角落气氛。落地灯的合理摆设不仅能起到很好的照明效果，也有不错的装饰效果。不管是温馨自然的简约风格还是粗犷复古的工业风格，一盏别致的落地灯都能让空间的光影格局更丰富更平衡。木质的灯架可以与其他家具配套。布质的灯罩，如果是非中性色的颜色，还要考虑与窗帘、地毯、墙纸等室内色彩相协调。

正确的摆设方式是把落地灯放在沙发后面。光从人的后方照过来，会增强人内心的安全感，从而使人放松下来。

落地灯在摆设时应避免两个错误的方式

◎ 把落地灯放在沙发前方，这样人会很难放松下来。

◎ 把落地灯放在沙发旁边，当人坐在沙发上时，有一些角度要不可避免地直视光源，从而产生眼睛的不适。

◎ 直筒式落地灯

其最为简单实用，使用也很广泛，是空间中提升气氛的重要角色，摆放时通常与沙发组合。

◎ 曲臂式落地灯

其最大优点就是可随意拉近拉远，配合阅读的姿势和角度，灵活性强。此外，折线型的灯架造型感强烈，能很好地突显空间的美感。

◎ 大弧度落地灯

这种造型的落地灯的最大优点就是光照面积大，光的垂直洒落有利于居住者读书阅报，相比前面两款，对视力不会造成伤害。

沙发

室内家具的标准尺寸最主要的依据是人体尺度，如人体站姿时伸手最大的活动范围，坐姿时的小腿高度和大腿的长度及上身的活动范围，睡姿时的人体宽度、长度及翻身的范围等都与家具尺寸有着密切的关系。沙发的尺寸也是根据人体工程学确定的。沙发与人身体的接触面积较大，如果设计不符合人体工程学，久坐便会感到疲劳。

通常单人沙发尺寸宽度约80~95cm，双人沙发宽度尺寸约160~180cm，三人沙发宽度尺寸约210~240cm。深度一般都在90cm左右。沙发的座高应该与人膝盖弯曲后的高度相符，才能让人感觉舒适，通常沙发坐高应保持在35~42cm。

△ 单人沙发尺寸

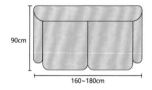

△ 双人沙发尺寸

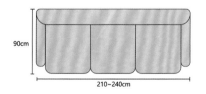

△ 三人沙发尺寸

一般来说沙发的标准尺寸数据并不是一成不变的。根据沙发的风格不同，所设计出来的沙发尺寸略有差异。

宽度是指沙发从左到右，两个扶手外围的最大的距离，也就是通常意义上所说的沙发长度。

座宽 ＝ 宽度 － 扶手宽度 × 2

深度是指沙发从前往后，包括靠背在内的沙发前后的最大距离，也就是通常意义上所说的沙发宽度。

座深 ＝ 深度 － 后靠的厚度

高度是指沙发从地面到沙发最高处的距离，和通常意义的"高"是同一个概念。

座高 ＝ 地面到座位表面的距离

沙发坐高最好能既贴合腰部，又不使大腿感到压迫。要确认的部分有坐垫的角度与宽窄，以及靠背的角度是否适宜。还需要依据家人不同的提醒，使用靠垫进行调整。沙发按照高度可分为高背沙发、普通沙发和低背沙发三种类型：

◎ 低背沙发

低背沙发靠背高度较低，一般距离坐面 37cm 左右。靠背的角度较小，不仅有利于人休息，而且挪动比较方便、轻巧，占地较小。

◎ 普通沙发

普通沙发是最常见的一种，此类沙发靠背与坐面的夹角很关键。沙发靠背与坐面的夹角过大或过小都将造成使用者的腹部肌肉紧张，产生疲劳。坐面的宽度一般要求在 54cm 之内，这样人可以随意调整坐姿，休息得更舒适。

◎ 高背沙发

高背沙发又称为航空式座椅，它的特点是有三个支点，使人的腰、肩部、头部同时靠在曲面靠背上，十分舒服。同时高背沙发由于其体量较传统沙发大，与传统型沙发放置在一起，能够形成差异，增加家具间的层次感。

高靠背的沙发可以支撑头部，因此更加舒适，然而由于体积原因，在空间不大的房间里则会显得拥挤。沙发腿较长，能够露出地面的设计方式，能够显得房间更加宽敞。

沙发是客厅中最大件的家具，而一个空间的配色通常从主要位置的主角色开始进行，所以可以先确定沙发的颜色，风格定位后，再确定墙面、灯具、窗帘、地毯以及抱枕的颜色来与沙发搭配。这样的方式主体突出，不易产生混乱感，操作起来比较简单。

△ 先确定沙发的颜色，再确定墙面、台灯、窗帘、地毯以及抱枕的颜色与之进行搭配

如果客厅空间宽敞而且采光较好，可以选择色彩亮丽的沙发；对于小户型的客厅来说，可以选择图案细小、色彩明快的沙发面料，比如白色沙发就是很明智的选择。

灰色、米色等中性色的沙发较为百搭，后期可利用地毯、抱枕以及装饰画上的色彩为空间增添活力。

大花图案的沙发不太容易驾驭，却是设计家居空间营造亮点的首选。特别是在大面积留白的客厅空间里，增加吸引眼球的大花图案沙发，以色彩来丰富空间的层次，可以营造出不一样的居家氛围。

一般来说，不论是沙发还是地毯，除非个人对色彩的接受度比较强，否则通常还是建议选购大地色系、花样素雅的为主。

色彩亮丽的沙发适合采光较好的客厅空间，同时要注意与墙面、窗帘等色彩的协调。

很多业主喜欢将主沙发靠墙摆放，所以在挑选沙发时，就可依照这面墙的宽度来选择尺寸。一般墙面的长度在 400~500cm，最好不要小于 300cm，而对应的沙发与茶几的总宽度则可为主墙宽度的四分之三，也就是宽度为 400cm 的墙面可选择约 250cm 的沙发与 50cm 的边几搭配使用，这样的空间整体比例最舒服。如果客厅空间过小，可以只摆一张一字形的主沙发，沙发两旁最好能各留出 50cm 的宽度来摆放边桌或边柜，以免形成压迫感。

人坐在沙发上观看电视的高度取决于座椅的高度与人的身高，通常电视机中心点在离地 80cm 左右的高度最适宜。沙发与电视机的距离则依电视机屏幕尺寸而定，也就是用电视机屏幕的英寸数乘以 2.54 得到电视机对角线长度，此数值的 3~5 倍就是所需观看距离。例如 40 英寸电视机的观看距离：40×2.54=101.6（cm）（对角线长）101.6×4=406.4（cm）（最佳观看距离）。

沙发直接对门的摆法很没有私密性，所以建议把沙发摆在门侧。摆在窗户前面的沙发，可以稍微转换一下摆放角度，或者和窗户稍微错开一点，避免直接靠在窗户前面。沙发的靠背应高过窗台，这样坐在沙发上的人就不会被窗台碰伤，提高了安全系数。如果沙发的一侧是窗户，可以使人在很好地利用自然光线的同时又不受阳光的困扰，是沙发在客厅中的最佳摆法。

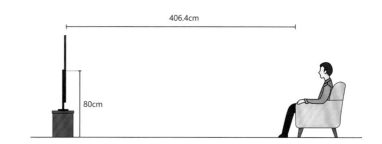

人坐在沙发上观看电视的最佳距离

摆在窗户旁的沙发靠背应高过窗台。

家居空间常见的沙发摆设方案

◎ 适合小户型客厅的一字形沙发摆设

将沙发沿客厅的一面墙摆开呈一字形，前面放置茶几。这样的布局能节省空间，增加客厅活动范围，非常适合小户型空间。如果沙发旁有空余的地方，可以再搭配一到两个单椅或者摆上一张小边几，这种摆设方式给人以温馨紧凑的感觉，适合营造亲密的氛围。

△ 一字形沙发摆设的方式比较节省空间，沙发左右两侧可根据沙发墙的宽度增加储物柜或小边几

△ 呈一字形摆设的沙发适合小户型空间，在家具款式的选择上注意与相邻空间家具的搭配

◎ 适合长方形客厅的 L 形沙发摆设

先根据客厅实际长度选择双人或者三人沙发，再根据客厅实际宽度选择单人沙发或者双人沙发，边几和散件则可以灵活选择。

△ 三人沙发＋单人沙发的 L 形沙发摆设形式适合长方形客厅，可根据格局需要搭配角几

◎ 适合正方形客厅的 L 形沙发摆设

接近于两边对等的 L 形格局，最适合朝南或者朝东方向的客厅，可以考虑布置成三人沙发和双人沙发的形式，同时可以根据客厅实际情况随意调整，边几也可以不要两个，把其中一个换成落地灯或大株植物，更显活泼。

△ 接近于两边对等的三人沙发＋双人沙发的 L 形沙发摆设形式适合正方形客厅

◎ 适合大面积客厅的 U 形沙发摆设

　　U 形摆放的沙发一般适合面积在 40 平方米以上的大客厅，而且需为周围留出足够的过道空间，所以使用的舒适度也相对较高，特别适合人口比较多的家庭。一般由双人或三人沙发、单人椅、茶几构成，也可以选用两把扶手椅，要注意座位和茶几之间的距离。

◎ 适合不看电视人群的对立形沙发摆设

　　将客厅的两个沙发对着摆放的方式不大常见，适合不爱看电视的居住者。如果客厅比较大，可选择两个比较厚重的大沙发对着摆放，再搭配两个同样比较厚实的脚凳。比较狭长的小客厅，可以选择两个小巧的双人沙发对着摆放。

◎ 适合经常聚会家庭的围合形沙发摆设

　　围合形布置是以一张大沙发为主体，再为其搭配多把扶手椅。因为四面都摆放家具，所以家具变化的形式和种类也就非常多。比如三人 / 双人沙发、单人扶手沙发、扶手椅、躺椅、榻、矮边柜等，都能根据实际需求随意搭配使用，只要最终格局能形成一个围合的方形。

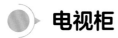
电视柜

电视柜是客厅不可或缺的装饰部分，在风格上要与空间内的其他陈设保持协调一致。美式风格一般选择造型厚重的整体电视柜来装饰整面墙，简约风格的客厅则常选用悬挂式电视柜。选择合适尺寸的电视柜主要考虑电视机的具体尺寸，同时根据房间大小、居住情况、个人喜好来决定对电视机采用挂式或放置在电视机柜上。

△ 将整面电视墙设计成储物柜的形式

△ 成品电视柜形式多样，一方面应根据装饰风格进行选择，另一方面在尺寸上也应符合空间比例

对于小户型的客厅，电视组合柜是非常实用的。这种类型的家具一般都是由大小不同的方格组成，上部比较适合摆放一些工艺品，柜体厚度至少要保持 30cm；而下部摆放电视的柜体厚度则至少要保持 50cm。

电视柜的尺寸要根据电视机的大小来决定。一般电视柜的长度要比电视机的宽度至少长三分之二，这样符合比较合理的视觉比例，让人看电视时可以集中注意力。电视柜的深度约 450~600cm，高度 600~700cm。

80cm 以内

22~32cm

把书柜与电视柜组合设计的形式，制作时层板的深度在 22~32cm 比较适中。长度宜控制在 80cm 以内，如果做得太长的话，书放得多了，后期容易发生变形。

常见的电视柜造型

◎ 矮柜式电视柜

矮柜式电视柜是家居生活中使用最多、最常见的电视柜，根据摆放电视机那面墙的长度以及房间的风格，有很多种样式可供选择。矮柜式电视柜的储物空间几乎是全封闭的，而且方便移动，只占据极少的空间就能起到很好的装饰效果。

◎ 悬挂式电视柜

悬挂式电视的特点是可与背景墙融为一体。更多的时候，悬挂式电视柜的装饰作用超过了实用性，使得整个空间环境变得宽敞起来。有些悬挂式电视柜还兼具收纳柜的作用，既节省了空间又增加了储物能力。

◎ 组合式电视柜

组合式电视柜的特点是可以和酒柜、装饰柜、地柜等柜子组合在一起，虽然比较占用空间，但具有更实用的收纳功能。定做之前应先仔细测量客厅面积，根据整个空间，明确组合柜的摆放位置和尺寸大小。

◎ 隔断式电视柜

以隔断式的电视柜作为背景墙，既划分了功能区又与整个空间融为一体，隔而不断，可谓是一举多得的布置方法。

茶几

　　选取茶几的标准是人坐在沙发上，茶几不高过膝，这是最理想的高度。摆放在沙发前面的茶几必须有足够的空间，让人的腿能够自由活动。

　　茶几分为单层茶几和双层茶几。单层茶几较为多见，不会显得过于复杂或突兀。如果使用双人沙发、三人沙发，并且茶几不单只想用来摆放茶具、书籍等，还想让它更具实用功能，则可以选购双层、三层或带抽屉的茶几，等于为客厅多准备了一个收纳空间。此外，除了传统的茶几外，还可以利用木箱代替茶几，为客厅空间带来自然复古的装饰效果，同时具有强大的收纳功能。

造型简洁的单层茶几。

□　茶几的高度是否适合使用，如果只用做喝茶功能，高度宜为30-35cm。如果还有简单的用餐功能，则40-50cm高的茶几更为适宜。

□　茶几应选用以不易留下划痕、不易破损的材质为佳。如选用玻璃面板，则应选择钢化玻璃制品。

□　如果家中空间有限或是有小孩和老人，最好选择圆形边角的茶几。

□　带有架子或抽屉的茶几更便于放置报纸、杂志以及遥控器等物品。

双层带收纳功能的茶几。

选择茶几的款式和材质，要以沙发的样式为主要考虑依据：比如沙发是真皮沙发，感觉比较休闲，可以搭配厚重感较强的茶几。茶几的造型多种多样，就家用茶几而言，一般分为方形或圆形。

◎ 方形茶几

给人稳重实用的感觉，使用面积比较大，比较符合使用习惯，通常适合中式风格、美式风格、欧式风格家居。

◎ 圆形茶几

小巧灵动，更适合打造一个休闲空间。在北欧风、现代风以及简约风家居中，圆形茶几为首选。

茶几大多使用中性色调，这样看起来未免有些单调乏味。其实不妨大胆尝试一下鲜艳色彩，让它和沙发形成对比色调。可以使用抱枕的相同色系，这样在整体上虽然有撞色，但是又不会太突兀。

△ 选择与沙发形成撞色效果的茶几，可以更好地增加空间活力

茶几的长度为沙发的七分之五到四分之三；宽度要比沙发多出五分之一左右最为合适，这样才符合黄金比例。茶几高度大多是 30~50cm，选择时要与沙发配套设置，例如狭长的空间放置宽大的正方形茶几难免会有过于拥挤的感觉。大型茶几的平面尺寸较大，高度就应该适当降低，以增加视觉上的稳定感。如果找不到合适的茶几高度，那么宁可选择矮点的，也不要选择高的茶几。高茶几不但会阻碍视线，而且不便于放置物品。

　　茶几高度有两种选择方案。一是茶几的高度大概与沙发扶手高度平齐；二是茶几的高度与沙发的坐面高度平齐。可以根据自己的喜好和空间的整体布局来任意选择其中一种方案。

△ 茶几摆设时与电视墙之间要留出 75~120cm 的走道宽度，与主沙发之间要保留 35~45cm 的距离，45cm 的距离通常最为舒适

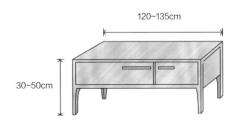

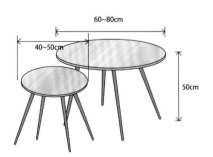

边几

边几的主要作用是填补空间，常用在沙发和茶几之间的空隙，小户型客厅中经常选择边几代替茶几放置物品，例如台灯、手机、杂志等。它的摆设取决于空间的大小，若挑选得好，与沙发搭配和谐，更具有装饰作用；如果放一盏台灯，还能增加空间气氛，用途十分广泛。

边几是能为客厅增添魅力的家具，有需要时就能马上移动位置来使用。所以，要方便使用，通常桌面不应低于最近的沙发或椅子扶手 5cm 以上，高度一般在 70cm 左右，不同高度可以搭配出不一样的效果。

角几可以填补客厅的死角，同时用来摆设台灯、插花及各类小摆件。

◎ 储物型边几

带有明显的储物功能，抽屉的使用可以摆放一些小的物件，台面位置无论是摆放精美台灯还是装饰品都是不错的选择，此类边几尺寸不易过大，防止视觉效果过于笨重。

◎ 装饰型边几

常见于欧式风格或现代风格中，搭配一些装饰线条，可以将整个空间氛围表达得很好。此类边几的实用性没有储物性边几好，仅可用台面和中空部分，但其装饰效果却好于储物性边几。

单椅

单椅的设计一向在家具设计中占有很重要的地位，任何新材料、新工艺都有可能第一时间在设计当中被尝试。椅子像家居场景中的点睛元素，使用起来也特别灵活，软装布置中常用单椅的色彩来调节家居空间。撞色是最常见的用法，能够马上给空间带来立体感。

单椅一般是客厅家具的一部分，摆完沙发之后，通常就是单椅的配置，因为单椅能立即在空间内营造出不同个性。主要座位区范围里的每张椅子，都要放在手能伸到茶几或边桌的距离范围内。

△ 利用单椅与空间的主色调形成对比，增加活力感

△ 造型和色彩出彩的单人椅往往能成为空间中的点睛之笔

长方形的客厅内，单椅可以放置在沙发的左右两侧，但若左侧是门的入口，建议不要摆放单椅。正方形的客厅内，单椅摆放时只要不挡住动线就可以，和单人沙发、长沙发一起可按照三角形的方式摆放，单椅、单人沙发甚至跨出客厅空间的框线都不要紧，可以扩大空间感。

自然风格的客厅中，单人椅的摆设位置相对比较随意

单人椅可以选择与沙发不同的颜色和材质，妆点客厅彩度，活泼氛围。中小户型客厅中最常用的形式是一字形沙发配两张单椅。

@ H DESIGN

△ 单人椅通常选择与沙发不同的颜色和材质

适合营造家居氛围的经典单椅款式

Y 形椅

Y 形椅由丹麦设计大师汉斯·瓦格纳设计，其名字源于其椅背的 Y 字形设计。此外，Y 形椅的设计灵感还借鉴了明式家具，其造型轻盈而优美，因此不仅实用还非常美观。

中国椅

由汉斯·瓦格纳在 1949 年设计，灵感来源于中国圈椅，从外形上可以看出是明式圈椅的简化版，唯一明显的不同是下半部分，没有了中国圈椅的鼓腿彭牙、踏脚枨等部件，符合其一贯的简约自然设计风格。

温莎椅

温莎椅是乡村风格的代表，椅背、椅腿、拉挡等部件基本采用纤细的木杆旋切而成，椅背和坐面充分考虑人体工程学，具有很好的舒适感，因此温莎椅以自己的独特性、稳定性、时尚性、耐用性等特点历经 300 年而长盛不衰。

贝壳椅

贝壳椅是汉斯·瓦格纳的经典代表作之一。椅座和椅背的设计形似拢起的贝壳，由于其优美的弧度能轻柔地包裹着人体，因此还可以起到缓解疲劳的作用。

潘顿椅

潘顿椅也被称作美人椅，它是全世界第一张用塑料一次模压成型的 S 形单体悬臂椅。潘顿椅外观时尚大方，有种流畅大气的曲线美，其舒适典雅符合人体的结构特点。潘顿椅的色彩也十分艳丽，具有强烈的雕塑感。

蚂蚁椅

蚂蚁椅是现代家具设计的经典之一，因椅子顶部酷似蚂蚁头，而被命名为"蚂蚁椅"。蚂蚁椅从最初的三足发展到四足、没有扶手到增加扶手，单一色彩到多种色彩，简单的结构、优美的曲线与轻巧的造型自然是其能够经久不衰的重要因素。

天鹅椅

天鹅椅于 1958 年由丹麦设计师雅各布森所设计，其流畅的雕刻式造型与北欧风格的传统特质加以结合，展现出了简约时尚的生活理念。

蛋椅

蛋椅采用了玻璃钢的内坯，外层是羊毛绒布或者意大利真皮，内部则填充了定型海绵，增加了使用时的舒适度，而且耐坐不变形。此外，还加上精心设计的扶手与脚踏，使其更具人性化。

孔雀椅

孔雀椅是丹麦著名的设计师汉斯维纳所设计，它具有后现代主义的仿生特征，由于其椅背形似孔雀，因而得名。孔雀椅的灵感源泉是 17 世纪流行于英国的温莎椅，经过独特创新的思维，将其重新定义并设计出更为坚固的整体结构。

伊姆斯椅

伊姆斯椅是由美国的伊姆斯夫妇于 1956 年设计的经典餐椅，灵感源于埃菲尔铁塔。其以简洁的弧线造型，多变的色彩，舒适的实用性，至今仍备受人们喜爱。并不仅仅是用在餐饮空间，在简约风或北欧风格等现代风格中甚至作为单椅使用。

客厅布艺织物的应用

窗帘

窗帘对于协调整个房间的气氛，起着重要的作用。或是时尚，或是优雅，或是浪漫，都决定着空间的整体美感。客厅的窗帘不管是材质还是色彩方面都应尽量选择与沙发相协调的面料，以达到整体氛围的统一。

△ 客厅窗帘与家具布艺、地毯以及抱枕的色调相同，通过纹样差异营造层次感

挑高的客厅空间适合选用电动窗帘，这样窗帘的拉开和收起只需遥控器就可以操作，但需要事先在窗帘盒内排好电源。

◎ **现代风格客厅**

最好选择轻柔的布质类面料，营造自然、清爽的客厅环境。

◎ **欧式风格客厅**

可选用柔滑的丝质面料，如绸缎、植绒等，营造雍容、华丽的客厅氛围。

◎ **光线充足的客厅**

可选择稍厚的羊毛混纺、织锦缎布料来做窗帘，以抵挡强光照射。

◎ **光线不足的客厅**

可以选择薄纱、薄棉或丝质的窗帘布料，遮光的同时最大程度上把自然光线引入室内。

△ 欧式风格的窗帘面料强调华丽感

地毯

　　客厅是人们走动最频繁的地方，最好选择耐磨、颜色耐脏的地毯。如果客厅沙发颜色多样，可以搭配单色无图案的地毯。从沙发上选择一种面积较大的颜色，作为地毯主色调。这样的搭配会十分和谐，不会因为颜色过多显得凌乱。

　　如果沙发颜色比较单一，而墙面为某种鲜艳的颜色，则可以选择条纹地毯或自己十分喜爱的图案，颜色的搭配依照比例大的同类色作为主色调。

△ 手工地毯的色彩呼应墙面，同时又与沙发的色彩形成对比，统一中又产生变化

地毯上无论是直线、斜线还是北欧风格中常见的菱形，几何的秩序感与形式美都可以呼应并强化空间整体的简洁特征。

△ 通常黑白色图案的地毯比较百搭，非常适合现代简约风格的客厅空间

△ 抽象的复古风格地毯，给人强烈的视觉冲击，适合搭配中性色的沙发

客厅地毯尺寸的选择要与沙发尺寸相适应。当决定好怎么铺设地毯后，便可测量尺寸。要注意的是，无论地毯是以哪种方式铺设，地毯距离墙面最好有 40cm 的距离。不规则形状的地毯比较适合放在单张椅子下面，能突出椅子本身，特别是当单张椅子与沙发风格不同时，也不会显得突兀。

客厅地毯的三种铺设方案

方案 1

沙发椅子脚不压地毯边，只把地毯铺在茶几下面，这种铺毯方式是小客厅空间的最佳选择。

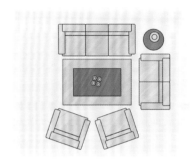

方案 2

可以选择将沙发或者椅子的前半部分压着地毯。但这种铺毯方式要考虑沙发压着地毯的尺寸，同时这种方式无论铺设，还是打扫地毯都十分不方便。

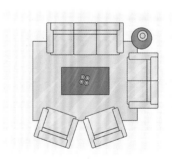

方案 3

如果客厅比较大，可将地毯完全铺在沙发和茶几下方，定义大客厅的某个区域是会客区。但注意沙发的后腿与地毯边应留出 15~20cm 的距离。

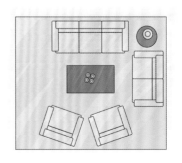

抱枕

不同材料的抱枕能给人带来不一样的使用体验。一般桃皮绒的抱枕较为柔软舒适，而夏天则比较适合使用纯麻面料的抱枕，因为麻纤维具有较强的吸湿性和透气性。除上述外材料外，还有能够提升家居空间品质的真丝抱枕、真皮抱枕等，具体可根据实际要求去挑选或定制。

△ 色彩鲜艳的抱枕组合可活跃冷色调空间的氛围

常见抱枕材料

纯棉　　　　纯棉面料是以棉花为原料，经纺织工艺生产的面料。以纯棉作为外包材料的抱枕，其使用舒适度较高。但需要注意的是，纯棉面料容易发生褶皱现象，因此在使用后最好将其处理平整。

蕾丝　　　　蕾丝材料在视觉上会显得比较单薄，即使是多层的设计也不会显得很厚重，因此以蕾丝作为包面的抱枕可以给人一种清凉的感觉，并且呈现出甜美优雅的视觉效果。

亚麻　　　　以亚麻作为外包材料制作而成的抱枕，具有清凉干爽的特点。此外，亚麻材质表面的纹理感很强，触摸会有比较明显的凹凸感，能够让抱枕呈现出自然且独特的气质。

聚酯纤维　　　聚酯纤维面料是以有机二元酸和二元醇缩聚而成的合成纤维，是当前合成纤维的第一大品种，又称涤纶。将其作为抱枕的外包材料，结实耐用，不霉不蛀。

桃皮绒　　　桃皮绒是由超细纤维组成的一种薄型织物，由于其表面并没有绒毛，因此质感接近绸缎。又因其绒更短，表面几乎看不出绒毛而皮肤却能感知，以至手感和外观更细腻而别致，且无明显的反光。

为抱枕设计缝边可以赋予其更为强烈的装饰效果。常运用在抱枕上的缝边花式主要有须边、荷叶边、宽边、内缝边、滚边及发辫边等。不同缝边的抱枕不仅能为家居空间带来别样的装饰效果，而且还可以衬托出家居空间的设计风格。

须边、发辫边的抱枕能让古典风格的家居空间显得更加典雅庄重；生机勃勃的荷叶边抱枕能让乡村风格的家居空间显得更加清新自然；如果想让抱枕适用于多种家居风格，则可以为其搭配保守的内缝边或滚边。

抱枕应尽量根据款式、色彩、花纹等因素，进行组合搭配，
这样才能让沙发区域的装饰显得更富有品质。

△ 发辫边抱枕

△ 宽边抱枕

△ 荷叶边抱枕

△ 须边抱枕

抱枕多种多样，不仅有纯色的，还有各种图案、纹理、刺绣等。因此在搭配颜色的时候，要把握好尺度，并且控制好抱枕与家居色彩的平衡。

　　在总体配色为冷色调的家居环境中，可以适当搭配色彩艳丽的抱枕作为点缀，能够制造出亮眼的视觉焦点。一些带有纹理的白色、米色、咖啡色等中性色抱枕，就能使沙发显得清新且不单调，并且能营造温暖的空间氛围。此外，也可以在以中性色为主的抱枕中间，搭配一个色彩比较显眼的抱枕来抓眼球，让抱枕的整体色彩搭配显得更有层次。

△ 纯白色墙面适合搭配高纯度色彩的沙发抱枕

在以中性色为主的抱枕中间，搭配一个色彩比较显眼的抱枕。

△ 抱枕色彩可根据空间中的小家具、装饰画以及灯具等小物件进行选择

不同的家居风格对抱枕的搭配要求也不尽相同，其中的差异包括抱枕的材质、色彩等。此外，抱枕的花纹也是体现家居风格的重要元素之一，不同花纹的抱枕能起到承托家居风格的作用。如英式风格的家居空间适合搭配富有英式特色的格子纹抱枕，而中式风格则适合搭配中式韵味图案的抱枕。

经典的北欧风格抱枕图案包括黑白格子、条纹、几何图案的拼凑、花卉、树叶、鸟类、人物、粗十字、英文字母等，在抱枕材质的选择上也非常多样，如棉麻、针织以及丝绒等。现代风格的客厅空间在搭配抱枕时可选择纯棉、麻等自然简约的材质。在抱枕的色彩选择上，尽量选用纯色或几何图案。选择条纹的抱枕肯定不会出错，它能很好地平衡空间中的色彩关系。此外，还可以根据地毯的颜色搭配抱枕，以加强空间中的色彩呼应关系，使家居空间的整体色彩、美感协调一致。

△ 现代风格抱枕

△ 新中式风格抱枕

△ 北欧风格抱枕

抱枕摆设方法

将沙发左右平衡对称摆放的方式给人的感觉整齐有序。可以根据沙发的大小，左右各摆设 1~3 个抱枕。注意选择抱枕时除了数量和大小，在色彩和款式上也应该尽量选择平衡对称。

第二种摆设方案是在沙发的一侧摆放 3 个抱枕，另一侧摆放 1 个抱枕。这种组合方式看起来更富有变化，但要注意单个抱枕与 3 个抱枕中的某个抱枕大小款式形成呼应，以实现沙发的视觉平衡。

还有一种方案是将大抱枕放在沙发左右两端，小抱枕放在沙发中间，会给人一种和谐舒适的视觉效果。这是因为离人的视线越远，物体看起来越小，反之物体看起来越大。

最后一种方案适合座位比较宽的沙发，需要前后叠放摆设抱枕，应在最靠近沙发靠背的地方摆放大一些的方形抱枕，然后中间摆放相对较小的方形抱枕，最外面再适当增加一些小腰枕或糖果枕。这样使得整个沙发区看起来层次分明，而且舒适性极佳。

左右平衡对称摆放的方式。

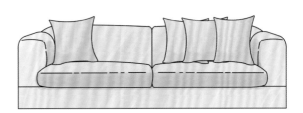

沙发一侧摆放三个抱枕，
另一侧摆放一个抱枕。

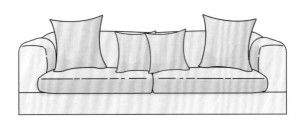

大抱枕放在沙发左右两端，
小抱枕放在沙发中间。

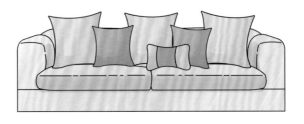

靠近沙发靠背摆放大一些的方形抱枕，
中间摆放较小的方形抱枕，
最外面增加一些小腰枕或糖果枕。

装饰画

客厅是整个家居空间中的重中之重。客厅的装饰画并非一定要尺寸大、色彩鲜艳，但 定是可以表达居住者性格和内涵的。装饰画应凸显空间的设计格调，或张扬，或低调，或质朴，或具有很高的艺术价值，都需要比较准确无误的表达。

如果选择单幅挂画作为客厅墙面的装饰，最好选择尺寸较大的装饰画，不仅能营造视觉焦点，而且还能烘托起整个空间的氛围。如果选择悬挂双联画，则应选择同一系列的画作，不仅有着相似的元素和色调，而且两个画面所表达的主题也十分统一。如果是三联画的话，一般会将一张画拆开分成三幅，也有将同一个系列融合在一起的，具体可根据客厅空间的整体装饰风格进行选择。

墙面搭配单幅装饰画尺寸相对较大，构成空间的视觉中心。

△ 如果客厅墙面搭配双联画，那么两幅画的主题与色彩需要形成统一

△ 三联画既可以将一张画拆开分成三幅，也可将同一个系列融合在一起

客厅装饰画的尺寸需要根据客厅沙发墙的空白大小而定，同时也要考虑沙发的大小，与之呈一定比例，看起来会更加和谐。例如 2m 左右的沙发搭配 50cm×50cm 或者 60cm×60cm 尺寸的装饰画；3m 以上的沙发则需搭配 60cm×60cm 或者 70cm×70cm 尺寸的装饰画。如果在客厅沙发墙上挂画，装饰画高度在沙发上方 15~20cm。

△ 大面积留白的客厅墙面适合挂大尺寸并且画面内容较满的装饰画

△ 客厅沙发墙上挂画，装饰画高度在沙发上方 15~20cm

通常大客厅可以选择尺寸大的装饰画，从而营造一种开阔大气的意境。小客厅可以选择多挂几幅尺寸较小的装饰画作为点缀。如果面积不大的墙面只挂一幅过小的装饰画会显得过于空洞，想搭配出一面大气的背景墙，可选择较大幅的装饰画，画面适当地留白，可以缓解视觉的压迫感，留给人无限遐想的空间。

△ 小客厅可悬挂多幅小尺寸的装饰画，但应协调好每一幅装饰画之间的色彩关系

大幅的装饰画基本上都是用钉子来进行上墙固定的，根据装饰画的大小来决定用的钉子数量，一般正常的画都是用两颗钉子。如果不想让装饰画破坏墙面，可以利用无痕挂钩来悬挂画框。但需要注意的是无痕挂钩只能悬挂重量较轻的画框，而且时间长了容易变形脱落，更适合短期内的装饰要求。

照片墙

　　客厅是平时待客的地方，将居住者喜欢的照片在这里进行展示，不但可以使空间更温馨，还可以用图像的方式把自己的故事讲述出来，但在照片的选择上必须要有一些需要注意的细节。

　　沙发背后的墙面比较开阔，如果想做成密集感的照片墙首选此区域，可轻松成为客厅的视觉焦点。此外，还可以选择两面墙的转角处，起到相互呼应的效果。如果将喜欢的照片制作成电视背景墙，也是一个不错的选择。

　　客厅照片墙的尺寸可以自己调节，留白的方式更富有文艺气息。相框颜色的选择需要和室内装饰的整体风格相一致。如果觉得矩形的相框略显呆板，可以选择圆形的装饰元素。如果相框数量多且尺寸差异较大的话，选择上下轴对称为好，但不要形成镜面反射般的精确对称，这样会显得过于死板。

如果担心彩色照片墙显得太乱，整体统一的黑白照片墙是一个比较稳妥的选择。

1 不规则形照片墙

2 错落形照片墙

装饰镜

客厅中运用装饰镜可以起到装饰作用。例如，欧式风格的住宅空间常常在会客厅壁炉上方或者沙发背景墙上装饰华丽的装饰镜以提升房子的古典气质。

其次，可以借助镜子的反射效果延伸视觉。例如，对于一些客厅比较狭长的户型来说，在侧面的墙上安装镜子可以在视觉上起到横向扩大空间的效果，让客厅感觉到宽敞。至于装饰镜的尺寸和颜色可以根据客厅的面积和格局的具体情况进行选择。

△ 沙发墙上居中挂放的装饰镜成为客厅的视觉中心

△ 欧式风格空间可选择在壁炉上方的墙面悬挂装饰镜

△ 用麻绳悬挂的多面装饰镜富有趣味性

壁饰工艺品

◎ 北欧风格客厅

麋鹿头的墙饰一直都是北欧风格的经典代表，通常在北欧风格的客厅空间里，大多都会有这么一个麋鹿头造型的饰品作为壁饰。

△ 麋鹿头壁饰在北欧风格客厅空间中较为常见

◎ 现代风格客厅

在现代风格客厅中，金属与镜面的壁饰是一个非常不错的选择，特别是金色的金属壁饰更能彰显空间的轻奢气质。

△ 金属壁饰可凸显现代风格客厅中的轻奢气质

◎ 美式乡村风格客厅

美式乡村风格的客厅中通常会出现照片墙、装饰羚羊头等壁饰，做旧工艺的铁艺挂钟和复古原木挂钟也较为常见。

△ 美式风格客厅空间中的羚羊头壁饰

◎ 新中式风格客厅

小鸟、荷叶以及池鱼元素的壁饰在传统文化中具有吉祥的寓意，适合出现在新中式风格的客厅背景墙上。

△ 表现新中式气质的荷叶造型壁饰

客厅插花与摆件工艺品搭配

插花

客厅空间相对开阔，所以应注意多种插花形式的组合使用。插花应摆放在视线较明显的区域，同时要与室内窗帘布艺等元素相互呼应。除了考虑花色与花瓶的搭配适宜之外，花卉的芬芳香味也可列入考虑的重点，以充分创造出舒畅愉快的起居空间。

节日时，可选用节日主题的花材，烘托节日氛围。例如，春节时可以用云龙柳、蝴蝶兰、观赏菠萝、火鹤花等较耐久又具有吉祥意味的植物为花材。如需要，可用绿色造型的叶子当背景花材，可适度使用与节日相关的装饰品，用缎带、包装纸、仿真花串、蜡烛等做陪衬装饰配件。

△ 客厅角几上摆设插花，使空间更加具有生活气息和活力

1 幸福树　　　**2** 蝴蝶兰　　　**3** 火鹤花

客厅能布置插花的地方很多，以沙发为基点，周围的茶几、桌子、电视柜、窗台、壁炉等都是展示插花的理想位置。其中，客厅的壁炉上方是花器摆放的绝佳位置。成组的摆放插花应注意高低的起伏、错落有致。但不要在所有花瓶中都插上鲜花，零星的点缀效果更佳。此外，在茶几上摆放一束插花，可以给空间带来勃勃生机，但在布置时要遵循构图原则，切记随意散乱放置。由于茶几呈四面观向，所以该插花在层次上以水平、椭圆为主。

除了花束，客厅还可以在窗边放上大型的吉祥植株，如幸福树、发财树等。客厅里的装饰柜如果足够高，还可以放上垂藤植物，营造自然清新的气息。

△ 摆放在客厅茶几上的插花高度宜适中，避免遮挡住视线

△ 客厅中的大型绿植可考虑摆设在沙发一侧的窗前

△ 悬挂式电视柜的一侧宜摆设小型插花，为黑白灰空间增彩

摆件工艺品

◎ 现代简约风格客厅

现代简约风格客厅应尽量挑选一些造型简洁的高纯度、高饱和度的摆件，材质上多采用金属、玻璃或者陶瓷为主。

粉色陶瓷收纳罐（一套）
约 **300** 元 / 套

@ 地形东设计

△ 粉色陶瓷收纳罐

◎ 新古典风格客厅

新古典风格客厅可以选择烛台、金属制品等摆件，以精美的油画作为背景，营造高贵典雅的氛围。

金属三件套错烛台
约 **180** 元 / 个

@ 集叁设计

△ 金属烛台更能展现新古典风格客厅的贵族气息

◎ 美式乡村风格客厅

　　美式乡村风格客厅经常摆设仿古做旧的摆件工艺品，如表面做旧的铁艺座钟、表面略显斑驳的陶瓷器皿、动物造型的金属或树脂雕像等。

◎ 新中式风格客厅中

　　新中式风格客厅中，将军罐、鸟笼、太湖石、文房四宝以及一些实木摆件能增加空间的中式禅韵。

复古陶瓷玻璃花瓶、果盘（一套）
约 500 元 / 套

@ 集叁设计

△ 仿古做旧的摆件工艺品是美式乡村风格的经典元素

太湖石头摆件
约 55 元 / 个

@ 博思韦珥设计

△ 太湖石头摆件

第三章

餐厅空间软装搭配细节

1. 餐桌与餐椅是餐厅家具的摆设重点，在小户型空间中特别要注意家具与动线的关系，比如拉开餐椅后背后的空间可否供人通行。

2. 餐厅中一般以吊灯作为主要照明。选择合适的灯具，除了提供灯光的功能之外，平时不用时也是一件很好的装饰品。

3. 餐厅背景墙是就餐区域软装设计的重点，除了装饰画以外，装饰镜是最适合餐厅墙面的壁饰，具有丰衣足食的美好寓意。

4. 餐厅中的窗帘更为注重实用性，除了色彩和图案与空间整体呼应之外，应避免选择容易吸附食物气味的面料。

5. 如果想在餐厅铺设地毯，耐脏、耐用以及耐清洗是首要考虑的重点，应避免选择质地蓬松的地毯类型。

6. 桌布较其他大件的软装配饰而言，因其面积和用途在居家设计中常容易被忽略，但它却很容易营造就餐气氛。

7. 把餐具、烛台、插花、餐垫等元素组合在一起，可以布置出不同寻常的餐桌艺术，可以增加家中的仪式感和艺术感。

餐厅空间灯光照明设计

餐厅照明设计重点

餐厅照明应以餐桌为中心确立一个主光源，再搭配一些辅助光源。从实用性的角度来看，在餐桌上方安装吊灯照明是 个不错的选择，如果还想加入一些氛围照明，那么可考虑在餐桌上摆放烛台，或者在餐桌周围的环境中加入筒灯、台灯、壁灯等辅助照明灯具。

从心理学的角度来讲，暖色系更能刺激食欲，而在暖色调的灯光下进餐也会显得更加浪漫且富有情调。也可以使用显色性极佳的白色光来提升空间亮度。

△ 工业风格的餐厅以吊灯作为主光源，再搭配轨道射灯、落地灯等作为辅助光源

△ 白色光

△ 暖色光

餐厅灯具的选择

餐厅以低矮悬吊式照明为佳，考虑家人走到餐桌边多半会坐下对话，因此灯具的高度不宜太高，必须考虑到坐下时是否可以看到对方的脸。餐厅的位置由于通常跟厨房比较近，且容易被烹饪的热气影响，因此木质、布艺材质的灯具不太合适，玻璃类、不锈钢、亚克力类的灯具，表面光滑、不吸水，清理起来较为容易。

想要让灯具与下方餐桌区互相搭配，就要让其在某个方面形成呼应关系。例如可以根据餐桌的形态选择造型与之接近的灯具，或者是图案、色彩等方面形成呼应，也可以考虑使灯具与餐椅在材质、纹理、配色等方面形成配套组合。

◎ 层高较低的餐厅

应尽量避免采用吊灯，灯带、筒灯或吸顶灯是主光源的最佳选择。

◎ 层高较高的餐厅

使用吊灯不仅能让空间显得更加华丽而有档次，也能缓解过高的层高带给人的不适感。

◎ 空间狭小的餐厅

如果餐桌是靠墙摆放的话，可以选择壁灯与筒灯进行搭配。用餐人数较少时，落地灯也可以作为餐桌光源，但只适用于小型餐桌。

◎ 空间宽敞的餐厅

适合选择吊灯作为主光源，再配合上壁灯作为辅助光源是最理想的布光方式。

△ 跟厨房距离比较近的餐厅，应选择玻璃、不锈钢、亚克力类等易清洁的灯具

△ 选择餐厅灯具除了尺寸大小之外，在造型、色彩、材质上应与餐桌或餐椅形成巧妙的呼应

餐厅灯具尺寸设置

餐厅吊灯的尺寸可根据餐桌的大小进行选择。120~150cm 长的餐桌应搭配其长度的三分之一也就是直径 40~50cm 的吊灯。180~200cm 长的餐桌可以使用直径为 80cm 左右的灯具或多个小型的吊灯。如果是排列一组灯具，可以用桌子的长边除以灯具数量，以商数的 1/3 当作标准。

餐厅吊灯一般距餐桌桌面 50~80cm 左右较为合适，过高容易让餐厅空间显得空洞单调，而过低则会在视觉上形成一定的压抑感。选择人坐下来时视线为 45° 斜角的焦点，且不会挡住视线的吊灯即可。

50~80cm

△ 餐厅吊灯距餐桌桌面 50~80cm 左右较为合适

若餐厅想要安排三盏以上的灯具，可以尝试将同一风格、不同造型的灯具做组合，形成不规则的搭配，混搭出特别的视觉效果。通常组合式灯具在排列形式上又可分为横排型与分散型两种类型。

△ 多盏吊灯一字排开，富有韵律的美感，适合长方形的餐桌

△ 大小不一的多盏吊灯高低错落地悬挂，即使不开灯时也具有很好的装饰效果

餐厅家具类型与基本尺度

 ## 餐桌

为了搭配空间格局，餐桌的形状发展出圆形、正方形和长方形，无论何种样式，餐桌高度都在 75~80cm。

通常正方形的房间不太适合放置长条形的餐桌，长方形的房间不适宜放圆形餐桌。如果房子活动范围够大的话，还可以用一个大的实木桌同时代替餐桌和工作桌。餐桌大多数的装饰点在桌脚，在选择的时候，注意观察桌脚是否与整个环境的其他家具相协调。现在有很多可拆分或者可伸缩的多功能桌子，能够根据使用人数来变换。购买餐桌前，建议依据房间面积画出比例图，确认好餐桌的位置与空间。

面板

材料多为木质，此外还有玻璃、石材、树脂等制作材料。需要确认清楚其表面涂装的种类与耐热性、耐磨性、触感以及保养方法。

支撑板

有支撑板的桌子更加稳固。需要确认桌椅内侧是否装有支撑板。如果选择扶手椅作为餐椅，也要注意确认扶手是否会与支撑板磕碰。

桌腿

有角的桌子，使用时会更加宽敞，桌腿位于桌面内侧，能够避免无意中的磕碰事件。

◎ 方形餐桌

方桌通常最符合多数空间的形状，可以提供最大的使用面积。正方形桌面的单边尺寸有75~120cm不等。长方形桌面尺寸则是四人座120cm×75cm，六人座约140cm×80cm。如果不是扶手椅，餐椅可伸入桌底，即便是很小的角落，也可以放一张六座位的餐桌。

◎ 圆形餐桌

圆桌可以方便用餐者交流，人多时可以轻松挪出位置，同时在中国传统文化中具有圆满和谐的美好寓意。圆桌大小可依人数多少来挑选，适用两人座的直径为50~70cm，四人座的为85~100cm。如果使用直径90cm以上的餐桌，虽可坐多人，但不宜摆放过多的固定椅子。

◎ 吧台式餐桌

家庭人口不多的小户型空间中可以把厨房做成开放式，再用吧台连接，充当餐桌的同时还可以有一个休闲的小空间。吧台的宽度需要能并肩坐下两个人为宜，高度要求在1m左右。另外，从人体工程学考虑，吧台的下方最好不要制作柜体，脚长时间顶着柜体会造成不适。

◎ 折叠式餐桌

折叠桌子的设计非常人性化，餐桌既可折叠起来作为双人餐桌使用，又可以展开作为多人餐桌使用，既节省了空间，又满足了多人用餐的要求。

餐厅家具的摆放在设计之初就要考虑到位，餐桌与餐厅的空间比例一定要适中，尺寸、造型主要取决于使用者的需求和喜好，通常餐桌大小不要超过整个餐厅的三分之一是常用的餐厅布置法则。

摆设餐桌时，必须注意一个重要的原则：留出人员走动的动线空间。通常餐椅摆放需要40~50cm，人站起来和坐下时需要距离餐桌60cm左右的空间，从坐着的人身后经过，则需要距餐桌100cm以上。

△ 餐桌大小不要超过整个餐厅面积的三分之一

摆设餐桌应留出的动线空间

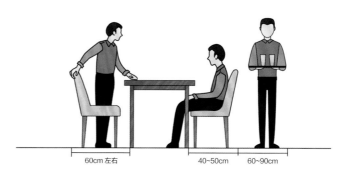

60cm左右　　　40~50cm　　60~90cm

◎ 餐桌靠墙

　　有些小户型餐厅，为了节省极其有限的空间，会将餐桌靠墙摆放。虽然少了一面摆放座椅的位置，但是却缩小了餐厅的占地范围，对于两口之家或三口之家来说已经足够。

一面靠墙，最大程度节省空间是小户型中较为常见的餐桌摆设方式。

◎ 餐桌居中

　　在考虑餐桌的尺寸时，还要考虑到餐桌离墙的距离，一般控制在 80cm 左右比较好，这个距离是包括把椅子拉出来，以及能使就餐的人方便活动的最小距离。

△ 居中摆设的餐桌，离墙的距离一般控制在 80cm 左右

◎ 餐桌布置在厨房中

　　要想将就餐区设置在厨房，需要厨房有足够的宽度，通常操作台和餐桌之间，甚至会有一部分留空。可以选择靠墙的角落来放置，这样既节省空间又能利用墙面扩展收纳空间。

△ 餐桌布置在厨房中的形式

餐椅

餐椅的造型及色彩要尽量与餐桌相协调，并与整个餐厅格调一致。餐椅的座高一般为38~43cm，宽度为40~56cm，椅背高度为65~100cm。餐桌面与餐椅座高差一般为28~32cm，这样的高度差最合适吃饭时的坐姿。另外，每个座位也要预留5cm的手肘活动空间，椅子后方要预留至少10cm的挪动空间。若想使用扶手餐椅，餐椅宽度再加上扶手则会更宽，所以在安排座位时，两张餐椅之间约需有85cm的宽度，而且餐桌长度也需要更大。

☐ 尽量避免选择座面过深，或是靠背角度过大的椅子。

☐ 挑选有扶手的餐椅时，要注意扶手部分与餐桌支撑板的高度距离。

☐ 确认座席高度，让双脚能够踏实落地，避免使大腿下侧承受过大压力。特别注意不要选择座面前段内凹的座椅。

☐ 附有座垫的餐椅应注意，不要选择座垫过于柔软的椅子。

在选择餐椅时可脱下鞋试坐，确认其是否舒适。正确的试坐方式应使后背完全贴合靠背。如果座椅高度适宜，双脚应完全触及地面，大腿下侧不感觉到压力。部分餐椅设置了踩脚。当座椅过高时，应向商家确认。座椅分为硬座与软座，应选择久坐不累的餐椅。

△ 蚂蚁椅与温莎椅两种不同类型的餐椅混搭，成就一个自然清新又富有个性的北欧风格餐厅空间

餐椅常规尺寸

65~100cm

28~32cm

40~56cm

38~43cm

空间足够大的独立式餐厅，可以选择比较有厚重感的餐椅来与空间相匹配。中小户型中的餐厅，如果希望营造别样的就餐氛围，可以考虑用卡座的形式替换掉部分的餐椅。同时有些卡座的内部具有储藏功能，还起到了增强空间的收纳性的作用。

一般来说，卡座的靠背高度在85~100cm，座垫高度在40~45cm，靠背连同座垫的深度在60~65cm，不同的款式对卡座尺寸也会有一些影响，上下波动在20cm左右。

如果卡座在设计的时候考虑使用软包靠背，座面的宽度就要多预留5cm。同样，如果座面也使用软包的话，木工做制作基础的时候也要降低5cm的高度。

带有收纳功能的餐厅卡座设计。

卡座常规尺寸

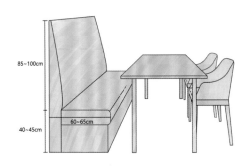

△ 根据弧形墙面定制的卡座，有效利用了不规则格局的餐厅空间

一字形卡座也叫单面卡座，这种卡座的结构非常简单，没有过多花哨的设计，大多采用直线型的结构倚墙而设。一字形卡座结构单一，安装起来也比较方便，由于其本身比较细长，因此一般只需配备一张长方形的长桌就可以了。此外，也可以靠到墙边结合餐桌使用。

一字形卡座适用于位置在两个功能区中间的走廊型餐厅。餐厅卡座最需要具备的就是收纳功能，因此可以将卡座底部还可以设计成收纳格，以提高空间的收纳能力。除了卡座本身外，边上的墙面的空间也可以利用起来，比如可以做个餐边柜或吊柜等。同时也可以在卡座的背景墙上搭配挂画或者墙纸作为装饰，以提高其美观度。

△ 一字形卡座

◎ 二字形卡座

二字形卡座就是常见的双排一字形的设计形式，能够清晰地划分出用餐区域，所以也更加有利于就餐氛围的营造。二字形卡座适合运用在狭长空间或者半独立小空间，其对称的造型结构，能够加强整体空间的稳定感。

卡座的座位可以是落地式，也可以设计成悬空式直接连着后背的墙壁。如果选择落地式的设计，卡座的底部收纳可做成侧面抽屉的样式，这样拿取物品时会更方便。

◎ L 形卡座

L 形卡座一般是设置在墙体拐角的位置，这种形式能够充分利用家居空间的设计，合理改造死角位置。对于面积较小的户型而言，在餐厅设计一个 L 形卡座，不仅能够有效地节省空间，还能同时兼顾装饰与收纳功能，既美观又实用。

卡座的底部可以做成柜子或抽屉，也可以与依墙而设的同色系柜体进行组合，达成风格上的和谐统一。

餐边柜

餐边柜主要放置家中的一些碗碟筷、酒类、饮料类，以及临时放汤和菜肴用，也可以置放家中客人的各种小物件，方便日常存取。对于餐厅面积较大的空间，可以考虑选择体积高大的餐边柜；而对于餐厅面积稍小的精装房，要重点兼顾餐边柜的储物功能和空间紧凑度。一般建议选择窄而长的墙面式餐边柜，这样悬空的设计可以减少地面占用空间，给人更宽敞的视觉效果，而且比一般的餐边柜薄，也不会产生空间的压迫感。由于柜体做得稍长，因此虽然宽度窄一些，却并没有过多影响储物功能。

餐边柜的尺寸应根据餐厅的大小进行设计，长度可以根据需要制作，深度可以做到40~50cm，高度80cm左右，或者高度可以做到200cm左右的高柜，又或者直接做到顶，增加储物收纳功能。

定制嵌入墙体的大面餐边柜时，建议柜体的两侧采用石膏板做挡墙。可让柜体与墙面之间的接缝得到更好的遮盖，不容易出现裂缝。

高柜形式的餐边柜尺寸

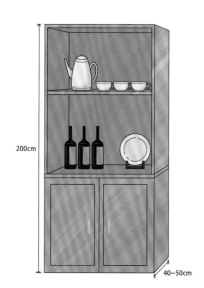

200cm

40~50cm

△ 对称设计的餐柜在收纳的同时还可以通过摆设饰品起到美化空间的作用

半高柜

半高柜形式收放自如，中部可镂空，沿袭了矮柜的台面功能，上柜一般做开放式，方便常用物品的拿取。

低柜

降低视觉重心的低矮家具，具有放大空间的效果，使空间的视野更加开阔。这类餐边柜的高度很适合放置在餐桌旁，柜面上的空间还可用来展示各类照片、摆件、餐具等。

整墙柜

一柜到顶的设计利用了整面墙，不浪费任何空间，大大增加收纳功能。上下封闭，中间镂空，根据需求可以有多种形式设计。空格的部分缓解了拥堵感，可以摆设旅游纪念品和小件饰品；其他的柜子部分能存放就餐需要的一些用品。

隔断柜

如果餐厅与外部空间相连，整体空间不够大，又希望把这两个功能区分隔开来，可以利用餐边柜作为隔断，既省去了餐边柜摆放空间，又让室内更具空间感与层次感，避免空间的浪费。

餐厅布艺织物的应用

 ## 窗帘

餐厅位置如果不受暴晒，一般有一层薄纱即可。窗纱、印花卷帘、阳光帘均为上佳选择。当然如果做罗马帘的话会显得更有档次。

餐厅窗帘的选择要与餐椅的布艺、餐垫、桌旗以及地毯的色彩保持一致。窗帘花色不要过多的繁杂，尽量简洁，否则会影响到人的食欲。材质上可以选择一些比较薄的化纤材料，比较厚的棉质材料容易吸附食物的气味。

运用色彩对比的手法搭配餐厅窗帘，给人以强烈的视觉冲击感

△ 餐厅的窗帘以地毯的色彩为中心进行选择，产生整体协调感

地毯

　　作为餐厅的地毯，易用性是首要的，可选择一种平织的或者短绒地毯。首先它能保证椅子不会因为过于柔软的地毯而不稳，也能因为较为粗糙的质地而更耐用。质地蓬松的地毯还是比较适合起居室和卧室。

　　餐厅地毯的尺寸一定要超过人坐下吃饭的范围，这样既美观，又能避免拉动椅子的时候损坏地毯。一般情况下，餐桌边缘向外延伸60~70cm，就是地毯的尺寸了。当然也可以根据餐厅的实际情况进行调整，但是最好不要少于60cm，这样既舒适又美观。此外，餐厅地毯距离墙面也不要太近，两者相距至少要20cm。如果餐厅比较小，那么地毯与墙面之间最好留出40~50cm的距离，才能让空间显得不那么拥挤。

△ 地毯与餐椅以及餐桌摆饰的色彩保持在同一色系，显得十分和谐

△ 餐厅地毯应与桌旗、装饰画等软装元素的色彩形成整体搭配

在选择餐椅时可脱下鞋试坐，确认其是否舒适。正确的试坐方式应使后背完全贴合靠背，如果座椅高度适宜，双脚应完全触及地面，大腿下侧不感觉到压力。部分餐椅设置了踩脚，当座椅过高时，应向商家确认。座椅分为硬座与软座，应选择久坐不累的餐椅。

椭圆形的餐桌适合搭配椭圆形或长方形的地毯

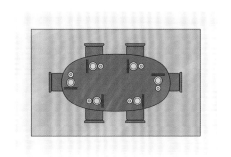 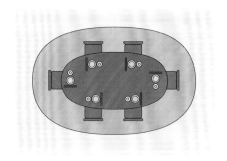

圆形的餐桌可选择圆形、正方形或者长方形的地毯

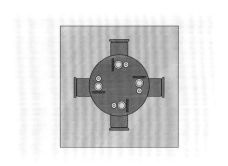 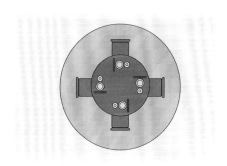

长方形餐桌适合选择长方形的地毯

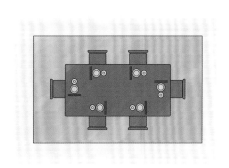

● ▶ 桌布

餐厅每一个细节的装饰布置，都不同程度地体现着居住者的品质生活。给家中的餐桌铺上桌布或者桌旗。不仅可以美化餐厅，还可以调节进餐时的气氛。一块合适的桌布与室内的环境相协调，便能为房间增色不少。

不同色彩与图案的桌布的装饰效果各不相同。如果桌布的颜色太艳丽，又花俏，再搭配其他摆件的话，容易给人一种杂乱感。通常色彩淡雅类的桌布十分经典，而且比较百搭。此外，只要选择符合餐厅整体色调的桌布，冷色调也能起到很好的装饰作用。

桌布较其他大件的软装配饰而言，因其面积和用途，在家居空间的软装设计中常容易被忽略，但它却很容易营造气氛。各式各样不同风格的桌布，总能给家居渲染出不一样的情调。

△ 植物花卉图案的桌布显现出复古的乡村田园风情

△ 色彩对比明显，带有卡通图案的桌布给人以轻松活泼感

△ 色彩淡雅的条纹桌布不仅百搭，而且可以更好地营造就餐氛围

中式风格桌布

中式桌布常体现中国元素，如出现青花纹样、福禄寿喜等图案，面料多采用织锦缎中国传统纹样，自然流露出中国特有的古典韵味。

欧式风格桌布搭配

欧式风格的餐桌有着古朴的花纹图案和经典造型，与其搭配的桌布需要具有同样奢华的质感，才显气质。丝光柔滑的面料最好搭配沉稳的咖啡色、金色或银色，尽显尊贵大气。

简约风格桌布

简约风格家居空间适合白色或无色效果的桌布，如果餐厅整体色彩单调，也可以采用颜色跳跃一点的桌布营造气氛，给人眼前一亮的效果。注意桌布不要长过桌腿高度的 1/2，更不要拖地，否则会脱离简约主题。

乡村风格桌布

具有大自然田园风格的乡村格子布是永恒的经典，可依格子颜色的不同，相互搭配，休闲感即可充盈满室。如果喜欢淡雅的小碎花图案，不妨利用同色系的搭配手法来呈现田园乡村情怀，在清爽宜人的素色桌布上，搭配同色系的花朵小桌布，即可将阳光、庭园、花草的感觉营造出来。

餐厅墙面的软装设计

装饰画

餐厅装饰画选择横挂还是竖挂需根据墙面尺寸或餐桌摆放方向来定。如果餐厅面积大、墙面较宽，可以用横挂画的方式装饰墙面；如果墙面较窄，餐桌又是竖着摆放，装饰画则竖向排列，减少拥挤感。

餐厅装饰画在色彩与内容上都要符合用餐人的心情，通常橘色、橙黄色等明亮色彩能让人身心愉悦，增加食欲。餐厅挂蔬果画是一种不错的选择，画面温馨、自然，同时又寓意较为丰富。此外，花卉和色块组合为主题的抽象画挂在餐厅中也是现在比较流行的一种搭配手法。

餐厅与客厅一体相通时，装饰画最好能与客厅配画相协调。餐厅装饰画的尺寸一般不宜太大，以 60cm×60cm、60cm×90cm 为宜，采用双数组合符合视觉审美规律。挂画时要注意人坐着时的视野范围，做适当的调整，如果挂的是单一大画时，画框与家具的最佳距离约 8~16cm。

△ 较窄的餐厅墙面适合竖向挂画的方式

△ 从视觉心理层面而言，餐厅装饰画宜选择激发食欲的色彩，如橘色、橙黄色等

△ 装饰画与壁饰混搭的餐厅墙面装饰方案

照片墙

　　餐厅的照片墙通常与餐桌居中挂放，离餐桌的距离要适当。主题上可以选一些色彩漂亮的美食照片，或者环境优美的风景照片，以增加就餐时的食欲。注意小空间餐厅不适合照片太多且排列密集的照片墙，不仅不会起到装饰作用，反而会让人觉得压抑烦闷。

　　如果餐厅墙面很宽，只用照片墙装饰未免略显杂乱，不妨把这面墙一分为二，餐桌对面的墙用照片墙填充，而剩下的则用另外的装饰方式，比如照片墙加展示柜的组合。

△ 利用墙面的铁丝网架悬挂家庭日常照片，增加空间的生活氛围

在软木板上用大头针固定照片，取下时几乎不留痕迹。制作时最好是在墙面和软木板之间加上一块多层板，可以有效地保护墙面。

△ 美式乡村风格主题的餐厅照片墙

装饰镜

餐厅装饰镜不仅富含传统文化中的美好寓意，而且可以有效提升空间的艺术氛围。也可以把镜面当成一幅画作，周边摆上一些小工艺饰品，便自成小景。轻奢风格的新古典风格餐厅中，太阳造型的镜子是首选；乡村风格的餐厅呈现自然的美感，质朴的木框镜子会令视觉空间更加灵动。

还有一些餐厅空间较为狭小局促，小餐桌选择靠墙摆放，容易给人压抑感，这时可以在墙上挂一面比餐桌稍宽的长条形状的镜子，扩大空间感的同时还能增添用餐情趣。如果餐厅中有餐边柜，也可以把镜子悬挂在餐边柜的上方。

@ 上上国际设计

圆形的挂镜除放大视觉空间外，也有丰衣足食的美好寓意。

@ 清羽设计

△ 墙面上对称挂放的两组圆形装饰镜给人以韵律的美感

△ 多块小镜子组合的不规则造型的挂镜可取代装饰画的功能

壁饰工艺品

如果餐厅是开放式空间，应该注意软装元素在空间使用上的连贯，在色彩与材质上的呼应，并协调局部空间的气氛。例如，如果餐具的材料是带金色的，那么在壁饰中加入同样的色彩，有利于空间氛围的营造与视觉感的流畅，使整个空间显得更加和谐。需要注意的是，虽然在整体偏冷雅的环境中加入金色可以表现出富贵与温暖感，但金色不宜过多，应根据整体色调选择一定的比例进行点缀。

陶瓷创意壁饰（4 米）
约 **2000** 元/幅

金属装饰烛台
约 **400** 元/个

@ 壹舍设计

△ 餐厅的壁饰需要在色彩和材质等细节上与餐桌摆饰形成呼应，这样才能给空间带来和谐整体的视觉效果

挂盘具有内在随性、灵动的气质，挂在餐厅的背景墙上可以制造出令人眼前一亮的视觉效果。不同主题的挂盘要搭配相应的空间风格，给人和谐悦目之感，才能发挥锦上添花的作用。

△ 现代简约题材的黑白图案装饰挂盘

陶瓷盘壁饰
约 **450** 元 / 组

△ 不规则排列的纯色挂盘

△ 与墙面颜色形成同色系搭配的装饰挂盘

ins 风装饰挂盘墙饰
约 **320** 元 / 组

△ 规律排列的北欧风格装饰挂盘

插花

餐桌的就餐人数通常是双人、四人、六人或十人以上不等，插花应根据餐桌大小而定。一般来讲，双人桌和四人桌，以小型花瓶为主，用一朵或几朵花，再点缀少许绿叶即可。十人或十人以上的餐桌，则可以选用多种形式，去丰富餐桌的留白区域。一般可以西方式插花为主，也可以设置微景观，增加用餐的趣味性。在不使用餐桌的时候，花瓶往往起到很好的装饰效果。

△ 西方式插花适合布置十人或十人以上的餐桌

无论是圆桌还是长桌，插花都要摆在餐桌的中间位置。圆桌一般摆在正中央，而长桌则以桌子的宽度为基准，插花的宽度一般不超过桌宽的三分之一，要预留出用餐区域。高度在 25~30cm 之间比较合适，以免阻挡用餐者交流的视线。如果层高较高，可采用细高型花瓶或者需要选择比较大型的插花进行搭配。

△ 长桌上的插花宽度一般不超过桌宽的三分之一，高度在 25~30cm

△ 把插花摆在餐桌的中间位置，以其为中心布置餐桌摆饰，容易形成视觉上的平衡

一般水平型花艺适合长条形餐桌，圆球形花艺用于圆桌。餐厅花艺的选择要与整体风格和色调相一致，选择橘色、黄色的花艺会起到增加食欲的效果。若选择蔬菜、水果材料的创意花艺，既与环境相协调，还别具情趣。

花材的气味主要以清淡雅致为主，像栀子花、丁香等具有浓烈香味的花材容易引起就餐者的不适，还是少用为好。除了花材，叶材也是餐桌插花设计中用到较多的。如果设计中以叶材为主，或者完全运用叶材去装饰餐桌，会有一种素净自然的感觉。除了鲜花绿叶，其他植物如水果、蔬菜、盆栽、多肉等，也是餐桌插花设计中很受欢迎的元素。无论是单一种类，还是与花材结合，都会创造出其不意的效果。

△ 餐厅中的插花应注意与餐椅以及其他摆件的色彩形成呼应

△ 完全运用叶材装饰餐桌给人素净自然的感觉，同时也避免了一些花材的气味影响进餐食欲

带有果实的插花搭配粗陶花瓶，
较多布置在中式风格的餐桌上

直接让盆栽上桌，也是一种餐厅插花的装饰方式。小型绿色植物或开花植物连花盆一起摆在餐桌上具有自然清新的感觉，尤其适合院子里的聚餐。但要注意，不要让泥土溢出到桌上，要保持桌面的清洁卫生。

餐桌摆饰

对于日常的餐桌摆饰，如果没有时间去精心布置，一块美丽的桌布就能立刻改观用餐环境，如果不愿意让桌布遮盖住桌面本身漂亮的木纹，餐垫则必不可少，既能隔热，又体现了扮靓餐桌的用心。风格统一的成套系的餐具是美化餐桌的重点，材质与风格应与空间其他器具应保持一致，色彩则需呼应用餐环境和光线条件，比如深色桌面搭配浅色餐具，而浅色桌面可以搭配多彩的餐具。烛台应根据所选餐具的花纹、材质进行选择，一般同质同款的款式比较保险。

节日、假日和特殊的宴请则需要更用心地布置餐桌摆饰，既可以愉悦家人，又对客人体现了尊重和重视。节日的餐桌布置，首先需要在餐桌上放置鲜花，可以是一个大的花束，也可以是随意的瓶插。蜡烛是晚间用餐时间的亮点，如果需要的话，精致的名牌、卡片等可以给客人带去额外的小惊喜。

另外，餐桌摆饰不能一成不变，随着季节转换和重要节日的来临，应景的变化是必要的。最简单的是至少应该准备两块桌布，分别适合春夏和秋冬季节。另外，节日往往有特定的习俗和装饰要素：例如圣诞节有红绿色彩搭配、松果图案等经典的元素；春节有传统特色的大红色、剪纸、灯笼等元素；还有情人节的粉色和心形图案以及儿童节的卡通玩偶造型等。将这些应景的装饰元素有选择地应用于餐桌布置，节日气氛立刻被烘托出来。

△ 利用色彩的对比让用餐环境显得热情洋溢，营造出如置身奢华宴会的氛围

△ 红绿色搭配的餐桌摆饰最适合烘托圣诞气氛

四类风格的餐桌摆饰方案

北欧风格

北欧风格偏爱天然材料，原木色的餐桌、木质餐具的选择能够恰到好处地体现这一特点。几何图案的桌旗是北欧风格的不二选择。除了木材，还可以点缀以线条简洁、色彩柔和的玻璃器皿，以保留材料的原始质感为佳。

现代风格餐桌摆饰

现代风格餐桌摆饰的餐具材质包括玻璃、陶瓷和不锈钢等，造型简洁，通常餐具的色彩不会超过三种，常见黑白组合或者黑白红组合。餐桌上的装饰物可选用金属材质，且线条要简约流畅，可以有力地体现这一风格。

中式风格

中式风格餐桌会摆饰带有中式韵味吉祥纹样的餐巾扣或餐垫，一些质感厚重粗糙的餐具，可能会使就餐环境变得古朴而自然，清雅而稳重。此外，中式餐桌上常用带流苏的玉佩作为餐盘装饰。

法式风格

法式风格的餐具在选择上以颜色清新、淡雅为佳，印花要精细考究，最好搭配同色系的餐巾，颜色不宜出挑繁杂。银质装饰物可以作为餐桌上的搭配，如花瓶、烛台和餐巾扣等，但体积不能过大，宜小巧精致。

第四章

卧室空间软装搭配细节

卧室软装搭配法则

1. 以床为中心，合理搭配电视柜、五斗柜、衣柜以及休闲椅等其他家具，除了方便日常使用之外，视觉上还能提供令人愉悦的画面。

2. 卧室中除了主灯照明之外，床头区域的照明也是设计重点，常见的有台灯、壁灯以及小吊灯等形式。

3. 床头背景墙是卧室的视觉中心，除了多种多样的挂画方式以外，选择合适的壁饰工艺品进行重点装饰也是一种常见的设计手法。

4. 卧室中的窗帘注重遮光性，除了面料选择以外，其色彩和图案要和空间中的其他布艺形成呼应，这样才能形成协调的整体感。

5. 卧室中铺设地毯可以增加舒适性，除了床边铺设小块地毯之外，还有整体铺设地毯、床尾铺设地毯等多种形式。

6. 床品是卧室的点睛之笔，搭配正确能给卧室增添美感与活力。在现代软装中，可以选择多套床上用品，依据环境及心情的不同来搭配。

7. 卧室床头柜除了临时摆放书籍等物品之外，还可以利用插花、相框等小物件的摆设营造温馨的氛围。

卧室空间灯光照明设计

卧室照明设计重点

在卧室空间的照明设计中，应尽量保持空间灯光的柔和度，不需要明亮的光线，只要满足正常需求便可。低照度、低色温的光线可以起到促进睡眠的作用。卧室内灯光的颜色最好是橘色、淡黄色等中性色或暖色，有助于营造舒适温馨的氛围。卧室的照明分为整体照明、床头局部照明、衣柜局部照明、重点照明以及气氛照明等。

壁灯是卧室床头夜读灯的常用款，通常安装于床头两侧，在挑选时要注意造型与整体空间有所联系，灯光尽量用黄光，不要直射脸部，以免干扰睡眠。

@布鲁盟设计

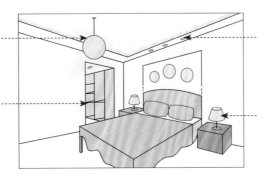

吊灯与灯带作为整体照明，要注意吊灯应安装在床尾处的顶面。

衣帽间除了顶面的嵌入式筒灯之外，还可在收纳柜内部装设灯带作为补充照明。

嵌入式筒灯作为重点照明，使床头墙上的壁饰显得更有立体感。

床头柜上增加造型精美的台灯作为局部照明，方便阅读和起夜。

◎ 整体照明

整体照明可以装在床尾的顶面处，避开躺下时会让光线直接进入视线的位置。扩散光型的吸顶灯或造型吊灯，可以照亮整个卧室。如果空间比较大，可考虑增加灯带，通过漫反射的间接照明为整个空间进行光照辅助。

△ 用吊灯作为卧室空间的整体照明，避免躺下时光线直接进入视线位置

△ 取消顶灯的设置，用灯带作为卧室空间的整体照明

◎ 床头局部照明

床头的局部照明是卧室的辅助照明，在床头柜上摆设台灯是常见的方式。如果床头柜很小，可以根据风格的需要选择小吊灯代替。也可考虑把照明灯光设计在背景中，光带或壁灯都可以。

△ 床头局部照明是卧室的辅助照明

◎ 衣柜局部照明

衣柜的局部照明，是为了方便使用者在打开衣柜时，能够看清衣柜内部的情况。衣帽间需要均匀、无色差的环境灯，镜子两侧设置灯带，衣柜和层架应有补充照明。最好选用发热较少的 LED 灯具。

△ 走入式衣帽间中除了顶部的整体照明之外，可在层板之间设置的灯带，拿取衣物时看得更清楚

◎ 重点照明

重点照明可以衬托出卧室床头墙上的一些特殊装饰材料或精美的饰品，这些往往需要筒灯或者射灯烘托气氛。但需要注意灯光尽量只照在墙面上，否则躺在床上的人向上看的时候会觉得刺眼。

△ 以轨道射灯作为重点照明，需要注意灯光尽量只照在墙面上

◎ 气氛照明

气氛照明可以营造助眠的氛围，通常桌面或墙面上是布置气氛照明的合适位置。例如，桌子上可以摆放仿真蜡烛营造情调；墙面上可以挂微光的串灯，营造星星点点的浪漫氛围；甚至还可以在床的四周低处使用照度不高的灯带，活用灯光，增加空间的设计感。

△ 沿床的四周安装低照度的灯带，烘托卧室温馨浪漫的氛围

吊灯与壁灯的安装位置

选择卧室灯具及其安装位置时要避免有眩光刺激眼睛，低照度、低色温的光线可以起到促进睡眠的作用。吊灯的装饰效果虽然很强，但是并不适用于层高低的房间，特别是水晶灯，只有层高足够高的卧室才可以考虑安装水晶灯来增加美感。若以吊灯作为卧室的主要光源时，请注意别将吊灯安装在床的正上方，而是安装于床尾的上方，床头再以壁灯或台灯进行辅助照明。在无顶灯或吊灯的卧室中，采用安装筒灯进行点光源照明是很好的选择，光线相对于射灯更柔和。

在床头安装的壁灯，最好选择灯头能调节方向的款式，灯的亮度也应该能满足阅读的要求，壁灯的风格应该考虑和床上用品或者窗帘有一定呼应，才能达到比较好的装饰效果。通常床头壁灯安装位置高度为距离地面 1.5~1.7m。

摇臂壁灯可自由调节照射方向。

△ 卧室中安吊灯的前提是需要有足够的层高，并且应安装在床尾上方的位置

床头台灯的选择

床头台灯主要是用于装饰，同时具有阅读功能，睡觉前进行阅读是很多人的习惯。

大多数的床头台灯都为工艺台灯，由灯座和灯罩两部分组成。一般台灯的灯座由陶瓷、石质等材料制作而成，灯罩常用玻璃、金属、织物、竹藤等材质做成，两者经过巧妙地组合，使台灯成为美丽的艺术品。

在挑选床头台灯的过程中，通常要考虑到家居风格或者个人喜欢。现代设计都非常强调艺术造型和装饰效果，所以床头台灯的外观很重要，一般灯座造型有花瓶式、亭台式和皇冠式等类型，有的甚至采用新颖的电话式等造型。台灯的灯罩本来是为了集中光线，增加亮度，但很多灯罩也可以起到很好的装饰作用，造型上有弯腰式或草帽状。

△ 中式风格陶瓷台灯

如果床头柜上没有空间摆设台灯，
可以选择造型精致的小吊灯进行代替，装饰性更强。

△ 现代风格金属台灯

卧室家具类型与功能尺寸

● 床

床是卧室空间中占据面积最大的家具，选择时可以根据整个空间的风格，也可以具体到呼应卧室内的床头墙面。还有一种更加简单有趣的做法是硬装部分在墙面做好床头板，只需要去买一个质量上好的床架就可以。

△ 利用带有天然节疤的原木作为床头板，让空间回归自然简洁

△ 床头板造型富有立体感，增加了卧室空间的装饰性

△ 现场制作的床，可利用床底设计收纳空间

板式床

板式床是指基本材料采用人造板，使用五金件连接而成的家具。板式床一般款式简洁，简约个性的床头比较节省空间，价格也相对便宜，十分适合小居室。

四柱床

四柱床能为整个房间带来典雅的氛围。床柱的材质包括雕花木、简洁金属线条等。因为体积比较大，所以一般多摆设在卧室中央，所以要有足够的空间才能衬托出气势。

雪橇床

雪橇床起源于法国，发展至今已去除了繁复的雕花，重在表现床头靠背与床尾板的优美弧线，造型更为简洁明朗，是古典、乡村风格的卧室常用的经典款。

铁艺床

铁艺床最早出现于 18 世纪中后期的欧洲，发展到现在，依旧是打造田园风格或复古风格的理想之选。它不仅以牢固的材料加工制作而成，更装载着从古至今的艺术气息。

地台床

对于空间宽度比较窄的房间，放床的话不仅浪费床周边与墙之间的空间，而且将来打扫卫生也是一个问题，因此设计成地台床会比较理想。地台床对床垫的大小没有限制，可以选择 1.8m 或者 2.0m 的尺寸。

在设计卧室时，首先要设计床的位置，然后依据床位来确定其他家具的摆放位置。也可以说，卧室中其他家具的设置和摆放位置都是围绕着床而展开的。因为一般人都不太理解空间概念，如果在选购前想知道所选的床占了卧室多少面积，可以尝试简单的方法：用胶带将床的尺寸贴在地板上，然后在各边再加 30cm 的宽度，这样的大小可以让人绕着床走动。

室内家具标准尺寸中，床的宽度和长度没有太严格的规定，通常单人床的尺寸为 90cm×190cm、120cm×200cm，双人床尺寸为 150cm×200cm、180cm×200cm。但对于床的高度却是有一定的要求的，那就是从被褥面到地面的距离为 44cm。因为如果床沿离地面过高或过低，都会使腿不能正常地着地，时间长了以后腿部神经就会受到挤压。

一般住宅中的卧室都是正方形或长方形的，其中有一面墙带有窗户。在这种格局的卧室里，可以将床头靠在与窗垂直的两面墙中的任意一面。当然，如果追求个性化，还需要参考开门的方向、主卫的位置、衣柜的位置等，做到因地制宜。

大户型卧室摆放床时可以选择两扇窗离得较远一点、中间墙面足够宽的区域，将床头放置在两窗之间靠墙的位置。

△ 带窗户的正方形或长方形卧室，可以将床头靠在与窗垂直的两面墙中的任意一面

△ 斜顶空间应根据顶面高度与开窗位置摆设睡床

衣柜

　　衣柜是卧室中比较占面积的家具。衣柜的正确摆放可以让卧室空间分配更加合理。布置时应先明确好卧室内其他固定位置的家具，根据这些家具的摆放选择衣柜的位置。

　　无论是成品衣柜还是现场制作的衣柜，进深基本上都是60cm。成品衣柜的高度一般为240cm，现场制作的衣柜一般是做到顶，充分利用空间。因为衣柜有单门衣柜、双门衣柜以及三门衣柜等，这些不同种类的衣柜的宽度肯定不一样，所以衣柜没有标准的宽度，具体要看所摆设墙面的长度。例如单门衣柜的宽度一般为0.5m，而双门衣柜的宽度则是在1m左右，三门衣柜的宽度则在1.6m左右。这个尺寸符合大多数家居室内衣柜摆放的要求，也不会由于占据空间过大而造成室内拥挤或是视觉上的突兀。

三门衣柜的常规尺寸

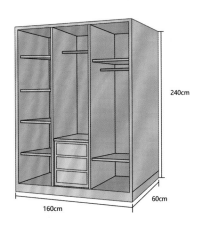

240cm
60cm
160cm

△ 衣柜的内部层板上可安装灯带，方便在夜晚拿取衣物

80cm

15~20cm

△ 悬挂短衣、套装的挂衣区高度最好在80cm左右，抽屉的高度约15~20cm

衣柜设计形式

入墙式衣柜

　　在装修卧室的时候，可以将衣柜嵌入到墙体当中，让衣柜和房间成为一个整体，更加和谐一致。嵌入到墙面中的定制衣柜，其最大优势在于形式灵活，可以根据空间的实际情况加以变化，最大程度利用了卧室空间，特别是对于房间形状不规则的卧室，具有最大的收纳优势。

成品式衣柜

　　对于以后可能搬家的家庭来说，选择专业厂家生产的成品衣柜是一个不错的选择。可以请专业的衣柜厂家上门测量定做，完成以后再搬入卧室当中。成品衣柜的优点是污染少，移动灵活，衣柜内部设计可以根据业主的具体需要定做，人性化程度高；从外观上来说，也容易和卧室中的床、床头柜等家具风格保持一致。

隔断式衣柜

　　在面积大于 $40m^2$ 的卧室内，如果四周都有窗子，可以在床的一侧制作顶天立地的衣柜当作隔断，既能储存衣物，又能分割区域，形成一定的私密空间。隔断式衣柜可以采取双面开门的设计，方便物品取用。大面积的移动门框架一定要稳固，进口品牌的衣柜一般都有此类产品。柜体的颜色不要与其他装饰形成太大反差，否则会失去整个空间的色彩平衡感。

常见衣柜类型

◎ 推拉门衣柜

推拉门衣柜又分为内推拉门衣柜和外推拉门衣柜。内推拉门衣柜是将衣柜门安置于衣柜内，个性化较强烈；外推拉门衣柜则相反是将衣柜门置于柜体外，可根据家居环境结构及个人的需求来量身定制。

◎ 平开门衣柜

平开门衣柜在传统的成品衣柜里比较常见，靠衣柜合页将门板与柜体连接起来。这类衣柜档次的高低主要是看门板用材和五金品质两方面，优点就是比推拉门衣柜价格便宜，缺点是比较占用空间。

◎ 折叠门衣柜

折叠门在质量工艺上比移门要求高，所以好的折叠柜门在价格上也相对贵一些。这种门比平开门相对节省空间，又比移门有更多的开启空间，对衣柜里的衣物一目了然。一些田园风格的衣柜也经常以折叠门作为柜门。

◎ 开放式衣柜

开放式衣柜也就是无门衣柜。这类衣柜的储存功能很强，而且比较方便，比传统衣柜更时尚前卫，但是对于家居空间的整洁度要求也非常高。在设计开放式衣柜的时候，要充分利用卧室空间的高度，要尽可能增加衣柜的可用空间。

在设计开放式衣柜的时候，要充分利用卧室空间的高度，要尽可能增加衣柜的可用空间，经常需要用到的物品，最好放到随手可及的高度，换季物品应该储存在最顶部的隔板上。

衣柜摆设方案

◎ 床边摆设衣柜

房间的长大于宽的时候，在床侧边的位置摆设衣柜是最常用的方法。在摆放时，衣柜最好离床边的距离大于 1 米，这样可以方便日常的走动。

在床边摆设衣柜，床与平开门的衣柜之间，要留出90cm左右的位置，推拉门与折叠门的衣柜，则只需留出50~60cm的距离。

◎ 床尾摆设衣柜

如果卧室左右两边的宽度不够，或者隔壁的主卫与卧室之间做成半通透的处理，这样常规的位置就做不下衣柜了。建议考虑在床尾位置定制衣柜，但要特别注意移门拉开来以后的美观度，可以考虑做些抽屉和开放式层架，避免把堆放的衣物露在外面。

◎ 床头摆设衣柜

面积不大的卧室床头背景，经常会考虑床与衣柜做成一体的方式，去除了两侧的床头柜，形成了一个整体的效果。这种衣柜有很多种组合，但是需要注意的是，在前期对衣柜进行设计时，预留床的宽度时需要考虑床靠背的宽度，因为有些美式床的靠背一般会比床架宽一些，以免以后放不进去。

床头柜

床头柜作为卧室家具中不可或缺的一部分，不仅方便放置日常物品，对整个卧室也有装饰的作用。选择床头柜时，风格要与卧室相统一，如柜体材质、颜色，抽屉拉手等细节，也是不能忽视的。

通常床头柜的大小占床的七分之一左右，柜面的面积以能够摆放下台灯之后仍旧剩余 50% 为佳，这样的床头柜对于家庭来说才是最为合适的。床头柜常规的尺寸是宽度 40~60cm，深度 30~45cm，高度则为 50~70cm，这个范围以内的是属于标准床头柜的尺寸大小。

△ 抽屉与陈列搁架相结合的床头柜，收纳形式上更为丰富

△ 利用收纳箱叠放组成的床头柜

床头柜的高度应该与床的高度相同或者稍矮一些，常见的高度一般为 48.5cm 及 55cm 两种类型。如果觉得床头柜高一点更加合适，那么尽量选择一个床头柜，并且在床头柜上布置一些装饰物。

如果床头柜放得东西不多，可以选择带单层的床头柜，不会占用多少空间；如果需要放很多东西，可以选择带有多个陈列格架的床头柜。陈列格架可以摆设很多饰品，同样也可以收纳书籍等其他物品，完全可以根据需要再去调整；体积大一些的封闭收纳式床头柜，如果房间面积小只想放一个床头柜，可以选择设计感强烈的款式，以减少单调感。

△ 由于卧室宽度有限，所以选择两个体积相对较小的边几代替床头柜。两层陈列格架使收纳功能并没有减弱

△ 错落型的床头柜显得富有动感

△ 方格式造型床头柜富有趣味性，开放式的收纳方式方便物品的取放

梳妆桌

在现代家庭中，梳妆桌往往可以兼具写字台、床头柜、边几等家具的功能。梳妆桌的台面尺寸通常是 40cm×100cm，这样易于摆设化妆品，如果梳妆桌的尺寸太小，化妆品都摆放不下，会给使用上带来麻烦；梳妆桌的高度一般要在 70~75cm 之间，这样的高度比较适合普通身高的使用者。梳妆凳的长度约 45~55cm，宽度 40~50cm，高度 45~48cm。

△ 带有镜子的梳妆桌除了实用功能之外，还可在视觉上扩大室内空间

◎ 独立式梳妆桌

独立式即将梳妆桌单独设立，这样做比较灵活随意，装饰效果往往更为突出。

◎ 组合式梳妆桌

组合式是将梳妆桌与其他家具组合设置，这种方式适宜于空间不大的卧室。

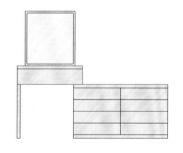

梳妆桌位置的摆放比较灵活，可以根据房间整体来找到最合适的位置，最好放置于自然光线分布较为均匀的地方，不能让光线从摆放位置一侧入射到梳妆台，以避免上妆时影响视线。梳妆桌更不宜放置于阳光能够直射到的地方，一方面一些化妆品受阳光照射会提前变质，另一方面一些实木梳妆台在阳光的直射下也十分容易变形开裂。

床尾凳

床尾凳的外形是没有靠背的一种坐具，一般摆放在卧室睡床的尾部，具有起居收纳等作用，最初源于西方，供贵族起床后坐着换鞋使用。因此它在欧式风格的室内设计中非常常见，适合在主卧等开间较大的房间中使用，可以从细节上提升居家品质。床尾凳造型各异，方的与圆的都有，根据款式可分为长凳、方凳、小圆凳、梅花凳等。

床尾凳具有较强的装饰性和实用性，除了具有彰显卧室贵族气质的装饰效果之外，还可以防止被子滑落，放置一些衣服；如果有朋友来，房间里没有桌椅，坐床上觉得不合适，也可以坐在床尾凳上聊天。

床尾凳的尺寸通常要根据卧室床的大小来决定，高度一般跟床头柜齐高，宽度很多情况下与床宽不相称。但如果使用者是为了方便起居的话，那选择与床宽相称的床尾凳比较合适。如果单纯将床尾凳作为一个装饰品，那么选择一款符合卧室装修风格的床尾凳即可，对尺寸则没有具体要求。床尾凳常规尺寸一般在 1200mm×400mm×480mm，也有 1210mm×500mm×500mm 以及 1200mm×420mm×427mm 的尺寸。

△ 床尾凳适用于面积较大的卧室空间，除了色彩应与整体空间相协调之外，尺寸选择上没有太多限制

床品

卧室的床品包括床单、被子和枕头等，但如果要更加美观，大小不一、形状各异的抱枕是颇具性价比的单品。为了营造安静美好的睡眠环境，卧室墙面和家具的色彩都比较柔和，因此床品选择与之相同或者相近的色调绝对不会出错，同时，统一的色调也让睡眠氛围更显安静。

△ 硬装是白色或灰色为主的卧室，可通过床品的合理搭配活跃整个空间的氛围

影响因素	选择要点
居住人数	如果是一个人居住，从心理上来说，颜色鲜艳的床品能够填充冷清感；如果是多人居住，条纹或者方格的床品是一个合适的选择
面积大小	如果卧室面积偏小，最好选用浅色系床品来营造卧室氛围；如果卧室很大，可选用强暖色的床品去营造一个充满温馨感的空间
居住者性别	对于年轻女孩来说，粉色床品是最佳选择；成熟男士则适用蓝色床品来体现理性，给人以冷静之感
空间风格	自然花卉图案的床品适合搭配田园格调；抽象图案则更适宜简洁的现代风格

选择床品面料大多以棉质为主，因为是与身体直接接触，一定要挑选纯棉、真丝等质地柔软的面料。这些床品手感好，保温性能强，也便于清洗，最好选择采用环保染料印染的纯棉高密度的面料，其他材料如麻、毛料、蕾丝一般都作为搭配。面料的肤触感越好，感觉越柔细，越适合使人入眠。如果选择与窗帘、沙发或抱枕等布艺相一致的面料作为床品，让卧室更有整体感，无形中增加了睡眠氛围。

1 纯棉床品　　　　　　　　　　　**2** 真丝床品

3 棉麻床品　　　　　　　　　　　**4** 涤棉床品

深色系的床品在创造卧室氛围上，确实比浅色床品更出色。但是需要提醒的是，现在的大多床品还是使用印染技术。不排除一些小品牌选择的廉价染料，在环保性上可能不过关，床品颜色太深，可能会有隐患。因此，从颜色的角度来看，床品越浅淡越素雅，安全性越高。例如纯白色系列的床品通常采用纯天然棉花的白花，不存在任何染色及其他化学剂的成分，是最原始也是最健康环保的全棉产品。

如果想选择带有图案花纹的床品，可以考虑提花及刺绣工艺的类型，因为这些床品上的图案是利用机器在纺织过程中用棉线或人工而形成的图案，并不是利用印染工艺的化学剂印染上去的，因此不含有致癌物质可分解致癌芳香胺染料。

△ 纯白色床品相比于深色系床品，更能保证健康和环保

常见风格的床品搭配

◎ 新中式风格床品

新中式风格床品的款式设计简洁大方，常用低纯度高明度的色彩作为基础，比如米色、灰色等，在靠枕、抱枕的搭配上融入少许流行色，结合传统纹样的运用，表达现代人尊重传统亦追求时尚的精神追求。

◎ 田园风格床品

田园风格床品的色彩比较淡雅，多为米白色。面料上以纯棉或亚麻为主，营造出一种质朴自然的感觉。在花纹上，田园风格的床品经常出现一些植物图案或者碎花图案，再配合一些格子和圆点做装饰点缀。

◎ 现代简约风格床品

以白色打底的床品有种极致的简约美，以深色为底色则让人觉得沉稳安静。用百搭的米色作为床品的主色调，辅以或深或浅的灰色作点缀，搭出恬静的简约氛围。在材料上，全棉、白织提花面料都是非常好的选择。

◎ 新古典风格床品

法式新古典风格床品经常出现一些艳丽、明亮的色彩，材质上也会使用一些光鲜的面料，例如真丝、钻石绒等，为的是把新古典风格华贵的气质演绎到极致。

◎ 美式风格床品

美式风格床品的色调一般采用稳重的褐色或者深红色，花纹多以蔓藤类的枝叶为原形设计，在抱枕和床旗上通常会出现大面积吉祥寓意的图案。在材质上大都使用钻石绒布或者真丝做点缀。

床幔

目前越来越流行的床头帘也成了卧室软装的新宠，它既可以让相对单调的床头背景墙的装饰性丰富起来，也能和床品以及周围的家具相互搭配，把卧室打造得更加温馨。一般床都会设置床柱与横梁，在横梁上搭上一段半透明的丝绸或者质地轻薄的布料，就可以形成最简单的床幔。由于现在的卧室都不是很大，床幔会在视觉上占用一定空间，会使得卧室显得更小，所以在面料和花色的选择上，最好要与卧室的窗帘、床品或者其他家具的色调保持统一。假如床幔有帘头，那么窗帘也最好做成有帘头的。

◎ 田园风格床幔

田园风格床幔大都是贴着床头，将床幔杆做成半弧形，为了与此协调，床幔的帘头也都做成弧形，而且大都伴有荷叶边装饰。如果想突出田园风格恬静纯美的感觉，床幔的花色图案可选择白底小碎花、小格子、白底大花或细条纹等。

◎ 法式风格床幔

法式风格床幔造型和工艺上并不复杂，最好选择有质感的织绒面料或者欧式提花面料，可以营造出一种宫廷般的华丽视觉感。同样，为了营造古典浪漫的视觉感，这类风格床幔的帘头上大都会有流苏或者亚克力吊坠，又或者用金线滚边来做装饰。

窗帘

卧室窗帘的色彩、图案需要与床品相协调，以达到与整体装饰相协调的目的。通常遮光性能是选购卧室窗帘的第一要素，棉、麻质地或者是植绒、丝绸等面料的窗帘遮光性能都不错。也可以采用纱帘加布帘的组合，外面的一层选择比较厚的麻棉布料，用来遮挡光线、灰尘和噪声，营造安静的休憩环境；里面一层可用薄纱、蕾丝等透明或半透明的面料，主要用来营造浪漫的情调。

老年人的卧室色彩通常宜庄重素雅，可选暗花和色泽素净的窗帘；年轻人的卧室则宜活泼明快，窗帘可选现代感十足的图案花色。追求浪漫的居住者，可以在纱帘的式样上花些工夫，选择层层叠叠的罗马式窗帘为整个居室增添一份柔美，同时提升睡眠质量。

△ 选择与床品色彩相近的窗帘可增加卧室空间的整体感

△ 窗帘的色彩既与家具一致，又与床品布艺形成对比，凸显居住者的个性

△ 纱帘加布帘是卧室窗帘的常见组合，遮光之外还可营造浪漫情调

地毯

卧室区的地毯以实用性和舒适性为主，宜选择花型较小，搭配得当的地毯图案，视觉上安静、温馨，同时色彩要考虑和家具的整体协调。在材质上，羊毛地毯和真丝地毯是首选。

△ 新中式风格卧室中的黑白几何纹样地毯

△ 北欧风格卧室中的几何线条式地毯

◎ 床尾铺设地毯

如果床两边的地毯跟床的长度一致，那么床尾也可选择一块小尺寸地毯，地毯长度和床的宽度一致。地毯的宽度不超过床的长度的一半。或者单独在床尾铺一条地毯。

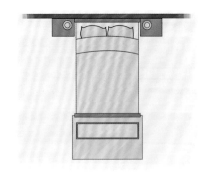

◎ 床的侧边铺设地毯

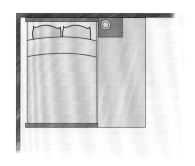

如果整个卧室的空间不大，床放在角落，那么可以在床边区域铺设一条手工地毯，可以是条毯或者小尺寸的地毯。地毯的宽度大概是两个床头柜的宽度，长度跟床的长度一致或比床略长。

◎ 床和床头柜下方铺设地毯

如果床摆在房间的中间，可以选择把地毯完全铺在床和床头柜下，一般情况下，床的左右两边和尾部应分别距离地毯边 90cm 左右，当然也可以根据卧室空间大小酌情调整。

◎ 除床头柜和床头位置以外铺设地毯

卧室中的地毯还可铺在除了床头柜和与其平行的床的以外的部分，并在床尾露出一部分地毯。这种情况下床头柜不用摆放在地毯上，地毯左右两边的露出部分尽量不要比床头柜的宽度窄。

◎ 床两侧铺设地毯

在床的左右两边各铺一条小尺寸的地毯。地毯的宽度约和床头柜同宽，或者比床头柜稍微宽一些，床头柜不压地毯，地毯长度可以根据床的长度而定，可以超出床的长度。

卧室墙面的软装设计

 装饰画

卧室装饰画数量不在于多，过多的卧室挂画反而会让人眼花缭乱，搭配一两幅精心挑选的装饰画就已经足够，这样会使得整个空间显得氛围温馨。除了婚纱照或艺术照以外，人体油画、花卉画和抽象画也是不错的选择。在悬挂时，装饰画底边离床头靠背上方15~30cm处或顶边离顶部30~40cm为宜。

卧室装饰画的选择应以让人心情和缓为佳，避免能引发思考或浮想联翩的题材以及让人兴奋的亮色。除了婚纱照或艺术照以外，人物油画、花卉画和抽象画也是不错的选择。线条简洁的板式床适合搭配带立体感和现代质感边框的装饰画。柔和厚重的软床则需搭配边框较细、质感冷硬的装饰画，通过视觉反差来突出装饰效果。

△ 两幅画之间的距离应控制在5~8cm，画的底边离床头靠背上方15~30cm

△ 墙面上悬挂多幅大小不一的装饰画，以最大幅装饰画的中心为水平标准

△ 床头墙上多个相同尺寸的装饰画，在悬挂时可保持一定的错落感

照片墙

　　卧室是一个私密空间，照片的内容更加私人化，在照片墙的设置上也更加的轻松、自由。照片不一定要布满卧室的整面墙，但相框颜色应与家具的颜色相呼应，这样可以使整个空间的搭配更加和谐。

　　最常见的做法是只在卧室中摆放一张照片来作为照片墙。虽然照片墙多数为多张照片的组合，但是一张照片若是搭配得当，一样能够作为照片墙的担当。如果希望墙面能再丰满一点，可将几幅风格类似、色调一致的相片用一样材质的相框装裱，然后有规律的组合摆放在卧室墙壁上。虽然相框横竖排放，但整体结构规则，因此不显突兀杂乱。此外，也可以尝试设计一面多组照片无规则组合的照片墙，照片的内容可以多样，例如风景照、人物照等，甚至照片的形状也不一样。无规律的随意组合在一起，创意十足的同时又不失美观性。

卧室床头设计对称形照片墙

△ 在床头柜的上方悬挂几幅家庭成员成长的照片，使得这个私密空间充满浓郁的生活气息

△ 内容多样的照片无规律地组合在一起，显得创意十足

装饰镜

有些人认为卧室中不适合放置装饰镜，其实在现代设计中没有这样的约束，只要摆放合理，装饰镜也可以提升卧室的格调和质感。一般来说，卧室的装饰镜可以直接挂在墙上或者放在地面，与床头平行放置是个不错的选择。但最好不要正对着床或房门，避免居住者夜里起床，意识模糊时看到镜子反射出来的影像受到惊吓。

卧室里的装饰镜除了用作穿衣镜，还可以实现视觉空间扩大，化解狭小卧室的压迫感。此外，可以在卧室床头墙上做一些几何造型，搭配上镜子，既有扩大空间的效果，又极具装饰个性。

△ 曲线形装饰镜与台灯的线条具有异曲同工之妙，给空间带来流动的美感

△ 三面大小不一的装饰镜高低错落地悬挂，富有趣味性

△ 如果在卧室的床尾挂放装饰镜，应尽量避开正对床头的位置

△ 床头柜上方几何造型的装饰镜为轻奢风格的卧室空间增添个性

壁饰工艺品

　　卧室墙上的壁饰应选择图案简单，颜色沉稳内敛的类型，给人以宁静和缓的心情，利于高质量的睡眠。现代风格的卧室墙面设计往往不同于传统墙面装饰的循规蹈矩，追求极尽的视觉效果，其墙面往往会选择现代感比较强的装饰，如造型时尚新颖的艺术品壁饰、挂镜、灯饰等。立体的壁饰在不同的角度拥有不同的视觉效果，因此能让整个墙面鲜活起来，而且独特的立体感可为空间增加灵动感。在现代轻奢风格的空间中，搭配金属色的壁饰，可给空间增添一份低调的华丽感。

　　扇子是古时候文人墨客的一种身份象征，有着吉祥的寓意。圆形的扇子饰品配上流苏和玉佩，呈现出浓郁的东方古韵气质，通常会用在中式风格卧室中。别致的树枝造型挂件有多种材质，例如陶瓷加铁艺，还有纯铜加镜面，都是装饰背景墙的上佳选择，相对于挂画更加新颖，富有创意，给人耳目一新的视觉体验。

立体几何图案壁饰(1.2米)
约 **600** 元/幅

△ 卧室壁饰的色彩应注重与墙面、家具以及其他软装元素的协调性

金属装饰壁饰（1.8m）
约 **600** 元/幅

△ 形态丰富的金属壁饰成为卧室空间的视觉中心

新中式风格折扇
约 **130** 元/个

△ 新中式风格折扇

现代风格银镜方块组合壁饰（40cm×40cm）
约 **1100** 元/套

@ SSD 设计

△ 现代风格银镜方块组合壁饰

卧室插花与摆件工艺品搭配

▶ 插花

　　卧室摆设的插花应有助于创造一种轻松的气氛，以便帮助居住者尽快解除一天的疲劳。花材色彩不宜选择鲜艳的红色、橘色等刺激性过强的颜色，应当选择色调纯洁、质感温馨的浅色系插花，与玻璃花瓶组合则清新浪漫，与陶瓷花瓶搭配则安静脱俗。

　　卧室里插花摆放的位置应根据插花的大小，花形的不同来摆放。如卧室里的书桌、写字台和床头柜等，应该摆放小型的插花；卧室的窗台上可以摆放一些中小型的插花；如果卧室的面积比较大，可以在这里摆放悬垂式插花，如在顶面吊垂常春藤。

卧室床头柜上的插花造型宜简洁，体量不宜过大

△ 新中式卧室中的插花追求意境的表达，讲究优美的线条和自然的姿态

△ 在卧室五斗柜上摆放插花，可与其他饰品较组成一个三角形的构图

摆件工艺品

　　卧室需要营造一个轻松温暖的休息环境，装饰简洁和谐比较利于人的睡眠，所以软装饰品不宜过多，除了装饰画、插花，点缀一些首饰盒、小摆件工艺品就能让空间提升氛围。也可在床头柜上放一组相框配合插花、台灯，能让卧室倍添温馨。

奥迅设计

△ 床头柜上的摆件工艺品组合

玻璃创意台灯
约 **600** 元 / 只

皮革金属相框摆件
约 **100** 元 / 个

金属石材花瓶摆件
约 **280** 元 / 只

北欧简约金属台灯
约 **350** 元 / 只

陶瓷烛台摆件
约 **100** 元 / 个

陶瓷相框摆件
约 **120** 元 / 个

@ SCDA 设计

装饰相框空框（一组）
约 **300** 元 / 组

水晶苹果摆件（大号）
约 **230** 元 / 个

陶瓷收纳罐（大号）
约 **100** 元 / 个

@ GND 设计

第五章

儿童房空间软装搭配细节

儿童房软装搭配法则

① 在给儿童房选配家具的时候，其选择标准是不同于成年人房间的。睡眠区、学习区、玩乐区以及储物区的家具布置是考虑的重点。

② 儿童房的灯具应在造型与色彩上给孩子一个轻松、充满意趣的光感，以拓展孩子的想象力，激发孩子的学习兴趣。

③ 儿童房的窗帘除了注重环保之外，色彩上可以更加丰富一些，可以选择有趣的卡通图案。

④ 在儿童房的地面铺设图案丰富、色彩绚丽、造型多样化的地毯，不仅可以提亮整个空间，而且还可以激发孩子的好奇心和求知欲。

⑤ 儿童房的墙面也是重点装饰的区域，除了装饰画、照片墙之外，也可以选择一些儿童喜欢的或能引发想象力的壁饰。

儿童房空间灯光照明设计

儿童房照明要求

由于孩子在玩耍时、学习时以及睡觉时所需要的照明环境都是不一样的。因此儿童房的照明设计不能太过单一，一般可分为整体照明、局部照明两种。当孩子游戏娱乐时，以整体照明为主，而且其光线应尽量柔和，有益于保护孩子的视力。在学习、读书以及手工制作时，则可选择在局部增加辅助灯饰来加强照明。此外，适当的搭配一些装饰性照明，则可以让儿童房空间显得更富有童趣。

儿童房的整体照明设计，要以给孩子创造舒适的睡眠环境和安静的学习环境为原则，因此其灯光宜柔和，并且应避免光线直射入眼。此外，主灯在色温上以暖色为宜，温暖的光线不仅对视力有保护作用，而且能够营造出温馨的气氛。在学习、读书以及手工制作时，则可选择在局部增加辅助灯饰来加强照明。此外，适当地搭配一些装饰性照明，则可以让儿童房空间显得更富有童趣。

以嵌入式筒灯作为局部的重点照明，更好地衬托出墙面的装饰物。

以富有趣味性的飞机造型的吊灯作为整体照明，间接打光的方式有益于保护孩子的视力。

台灯作为床头区域的局部照明，方便夜间照明。

儿童房的整体照明度要高于成人房间，因为儿童需要明亮的视觉环境，但在亮度上一定要适当，如果灯光过于明亮、耀眼，长久处于这种光源下，孩子的视力会受到不同程度的损害，为近视埋下隐患。

活泼且充足的照明，不仅能让儿童房氛围更加温暖，而且还有助于消除孩子独处时的恐惧感。儿童房应避免只有单一照明开关回路，而是设置不同回路，以符合睡眠、游戏、阅读等不同使用需求。

△ 儿童房中不同的功能区域应有相应的照明配置

△ 除了应提供充足的照明之外，儿童房宜选择能调节明暗或者角度的灯具

功能区域	照明要求
游戏区	可以作为整个房间的主光源，光的强度和面积都可稍大一些
学习区	光线强度适中，但要集中一些，由于孩子的视力还没有发育成熟，太亮的光线会损害孩子的视力，光源的面积太大也会使孩子的注意力不集中
睡眠区	光线要尽量柔和、温暖，这样有助于孩子获得安全感，对睡眠有帮助

儿童房灯具选择

在儿童房中，对灯具的要求较高，光源柔和、健康、亮度足够、造型可爱等，给房间予以足够的温暖和安全感。儿童房所选的灯具应在造型与色彩上给孩子一个轻松、充满意趣的观感，以拓展孩子的想象力，激发孩子的学习兴趣。由于每个孩子的兴趣不尽相同，因此在挑选装饰灯具时，应该听取孩子的意见，或者让孩子也参与挑选。

挑选儿童房的中央吊灯时，可以考虑选择一些在造型、色彩上充满童趣的灯饰为佳。一方面可以和空间中其他装饰相匹配，另一方面，童趣化的灯饰一般价格不是太高，便于今后根据儿童的年龄阶段随时调换。一般木质、纸质或者树脂材质的灯更符合儿童房轻松自然的氛围。

△ 吊灯的外观看起来像向上飞的气球，有趣又好看

△ 彩色的鸟笼铁艺吊灯富有童趣

儿童房的壁灯有非常多的款式，挑选的时候可以考虑与墙面的其他装饰效果相互匹配，以达到特别的效果。例如，花瓣或月亮、星星等造型的壁灯显得非常逼真也具有动感，整体看起来会仿佛现实版的童话世界。

需要注意的是，这种做法需要在早期就选好墙面图案和灯具的形状，在墙面上定位好电线的位置才能确保无误。

可调节角度的长臂式壁灯

△ 与床头靠背融为一体的趣味壁灯

△ 对称安装的小壁灯

对于正处于学龄时期的儿童来说，学习是首要的任务。由于做作业时非常需要一个良好的照明环境，因此可以在书桌上摆放一盏精巧的护眼台灯，以满足孩子学习时的照明需求。需要注意的是，台灯的电源插座一定要固定在高处或者儿童不容易碰到的地方，以避免发生意外事故，对孩子造成伤害。

△ 儿童房台灯的选择应注意与家具的色彩搭配

△ 儿童房应避免床头灯光线的直射

△ 动物造型台灯在实用的同时又能博得孩子的喜爱

△ 兼具装饰与实用功能的粉色台灯为学习区提供了一个良好的照明环境

不同时期的儿童房家具

在给儿童房选配家具的时候，其选择标准是不同于成年人房间的。成年人更加看重实用与风格搭配，儿童房则更注重安全和健康。

儿童房家具的棱角、边缘最好选用圆角收边，尤其是书桌、柜子这类家具的边缘不能留有尖角的存在。此外，防夹手设计对幼龄儿童来说也是极为重要的，所以儿童房柜子和抽屉都需要配上防夹手设计，以免在推动抽屉或是拿取物品时发生夹伤的危险。

选择定制型的儿童房家具，不仅对保护孩子脊椎、视力等方面有着关键性的作用，而且还能让空间布局显得更为宽敞合理。

儿童房的家具一方面要按照孩子身高进行选择，另一方面要尽可能地考虑到孩子的成长速度，因此可以选择一些可调节式的家具，不仅能跟上孩子迅速成长的脚步，而且还能让儿童房显得更富有创意。

△ 出于安全性考虑，儿童房书桌、柜子这类家具的边缘不能留有尖角的存在

△ 定制型家具集学习与收纳功能于一体，并且合理利用了空间

年龄

0~3 岁

家具特点

安全、健康、舒适

功能需求

营造舒适的睡眠和活动空间

年龄

3~5 岁

家具特点

色彩明快、富有趣味性

功能需求

注重家具的收纳功能

年龄

6~7 岁

家具特点

功能完善、空间利用合理

功能需求

兼顾娱乐和学习两种功能

@ 孙文设计

年龄	家具特点	功能需求
8~10 岁	具有读书功能、强调安全性	各个功能兼具、培养兴趣爱好

年龄	家具特点	功能需求
10~12 岁	强调学习功能、舒适性更强	合理规划收纳空间、提升孩子的生活自理能力

床

儿童年龄	床的尺寸选择
学龄前宝宝	长度 100~120cm，宽度 65~75cm 的床，此类床高度通常约为 40cm 左右
学龄期儿童	长度为 192cm、宽度为 80m、90m 和 100m 三个标准，高度在 40~44m

如果户型空间有限，没有条件设置多个儿童房，但家中有两个孩子的家庭，可以考虑在儿童房搭配两张双人床或双层造型设计的儿童床。虽然这样的设计会让孩子缺少私人空间，但对于培养孩子之间的亲密感情还是非常有好处的。

如今双层儿童床款式十分多样，已经不是以前那种床上架床的呆板设计，甚至还会附带围栏、滑梯等配件，小小的细节设计却显得极为贴心。对于年纪在 5 周岁以下，身高不到一米的儿童来说，其双层床之间的距离不可小于 95cm，这样才能确保下层床有足够的活动空间，不至于碰到头部，以减轻身处下床孩子的压迫感。在长度上，一般都是以 1.2m 的规格进行设计的。

△ 平行摆放的两张床之间用储物柜进行分隔

△ 双层造型的儿童房，上下层之间的距离不可小于 95cm

书桌

书桌作为儿童房家具的重要组成部分，在选择时一定要严格要求。材质、安全系数等都要考虑周全，这样才能保证孩子健康、高效、快乐地进行学习。书桌椅的尺寸要与孩子的身高、年龄以及体型相结合，这样才有益于他们健康成长。

一般来说，儿童书桌的标准为长 1.1m~1.2m，高 0.73m~0.76m，宽 0.55m~0.6m；椅子的标准座高为 0.4m~0.44m，整体高度不超过 0.8m。这样的尺寸规格基本上可以满足学龄孩子的使用需求。如果不想频繁更换孩子的书桌，还可以选择能调节高度的升降式儿童书桌，这样就可以随时根据孩子的成长进行调整，以达到最为舒适的使用效果。

△ 面积不大的儿童房空间，书桌通常与床头平行摆设

儿童书桌尺寸

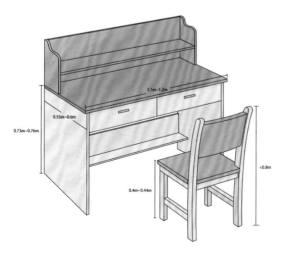

△ 面积相对较大的儿童房空间，可在靠近窗户处的位置摆设书桌

◎ 一体式书桌

一体式书桌在孩子学习时，方便查找资料。

◎ 转角书桌

在房间飘窗处的小转角里设计一个小型转角电脑桌，右侧还可以增加一个多功能式组合柜。虽然空间不大，但能为孩子提供一个独立学习的空间。

◎ 双人书桌

两张书桌拼搭在一起，不仅最大程度地利用了空间，而且可以让两个孩子相互陪伴，增添学习的乐趣。

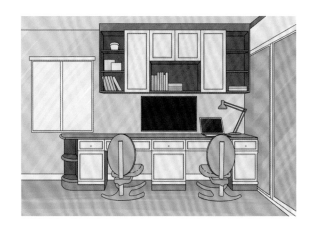

衣柜

儿童房的衣柜在尺寸选择上一般要有很好的灵活性，要有发展的眼光。虽然孩子在很小的时候不需要很多的收纳功能，但还是尽量不要太小。这样孩子长大了，衣服等东西多了之后也可以应付自如。衣柜的深度一般在 0.55m~0.6m 最为适合，而衣柜的宽度就要根据房间的大小而定，尽量宜宽不宜窄。

在床头位置设计衣柜，充分利用了床头墙的空间。

△ 定制衣柜的柜门在色彩上形成深浅变化，具有很强的装饰作用

△ 玻璃柜门的衣柜可以方便衣物的拿取，但从安全性上面考虑，更适合 8 岁以上的儿童使用

△ 宽度不够的儿童房空间可选择在床尾设计衣柜

儿童房家具摆设重点

相比大人的房间，儿童房需要具备的功能更多，除睡觉之外，还要有储物空间、学习空间以及活动玩耍的空间，所以需要通过设计使得儿童房空间变得更大。建议把床靠墙摆放，使得原本床边的两个过道并在一起，变成一个很大的活动空间，而且床靠边对儿童来讲也是比较安全的。

△ 把床和其他家具靠边摆放，可以腾出更多的活动空间

如果家中有两个孩子，在孩子到小学低年级之前大多让他们同住一室。幼儿时期，要将家具贴墙放置，以留出孩子能尽情玩耍的场地。青春时期要注意使用一些能够起到阻隔作用的收纳型家具，这样既能尊重孩子的隐私，又能够让孩子专心学习。

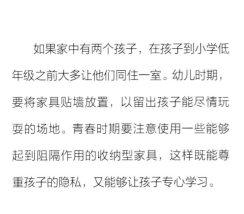

△ 起到阻隔作用的收纳型家具可以达到保护孩子隐私的目的

有的儿童房空间小到摆下一张宽 1.2m 的床以后，就连书桌都放不下了。这时候可以选择定制 90cm 宽的榻榻米床。一般儿童床的长度在 190cm 即可，床尾利用垂直空间做定制收纳柜，并且可以与书桌连在一起。这样孩子可以方便地拿到常用的衣物，而不常用的物品则可以收纳到榻榻米床里面。

△ 小面积的儿童房可选择定制宽度为 90cm 的榻榻米床，床尾的位置设计衣柜

◎ 狭长形儿童房

睡觉、学习、储物三大功能一个不少，并将书桌背床而放，更能使孩子专心学习。

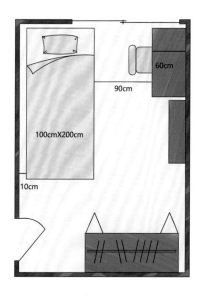

◎ 方正形儿童房

将书桌和衣柜并排摆放，与床之间留出合适的距离。这里也可以将书桌与柜子组合设计。

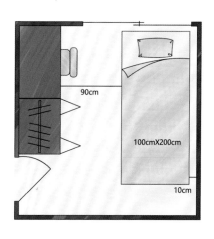

儿童房的墙面软装设计

装饰画

儿童房装饰画的颜色选择上多鲜艳活泼，温暖而有安全感，题材可选择健康生动的卡通、动物、动漫以及儿童自己的涂鸦作品等，以乐观向上为原则，能够给孩子们带来艺术的启蒙及感性的培养，并且营造出轻松欢快的氛围。

为了给儿童一个宽敞的活动空间，儿童房的装饰应适可而止，注意协调，以免太多的图案造成视觉上的混乱，不利于身心健康。儿童房的空间一般都比较小，所以选择小幅的装饰画做点缀比较好，太大的装饰画就会破坏童真的趣味。但注意在儿童房中最好不要选择抽象类的后现代装饰画。

△ 儿童房装饰画的题材通常以卡通、动物、动漫以及儿童自己的涂鸦作品为主

△ 题材诙谐的装饰画给房间增添轻松欢快的气氛

@ 壹思设计

△ 装饰画与装置艺术的组合

照片墙

　　孩子在成长的过程中，父母总会为其拍摄很多照片。因此，可以在儿童房设置一面照片墙，为孩子的照片提供一个绝好的展示空间。孩子的世界是没有仟何规律可言的，所以在设计照片墙时，不妨参考一下凌乱美的设计手法，凭借孩子自己的第一感觉进行搭配，呈现出童真的设计美感。如果是女孩房的话，则可以考虑设计心形的照片墙。不过心形照片墙在安装过程中难度比较大，因此对于照片的尺寸以及具体的分布需要进行合理的设计。

照片墙不仅能增添儿童房的童趣，还能丰富孩子的想象空间。

△ 以儿童兴趣爱好为题材的照片墙，留住孩子成长的点滴

儿童房空间五种照片墙布置方案

◎ 圆形照片墙

◎ 心形照片墙

◎ 长方形照片墙

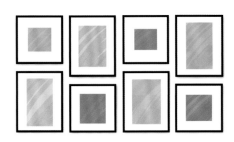

◎ 正方形照片墙

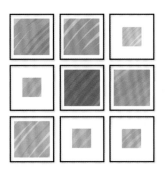

◎ 不规则照片墙

壁饰工艺品

　　儿童房的墙面软装主题应以健康安全、启迪智慧为主。此外，还要考虑到空间的安全性以及对小孩身心健康的影响，不宜用玻璃等易碎品或易划伤的金属类壁饰。儿童房的墙面可以搭配一些孩子自己喜欢或能够引发想象力的装饰，如儿童玩具、动漫童话壁饰、小动物或小昆虫壁饰、树木造型壁饰等。也可以根据儿童的性别选择不同形式的墙面壁饰，鼓励儿童多思考、多接触自然。

△ 孩子天生喜欢圆形物体，所以相比其他造型，圆形的壁饰更能给孩子带来愉快感与安全感

△ 儿童房中的壁饰除了造型之外，选择高明度的色彩更利于营造活泼的氛围

△ 大小不一且与床头造型形成一体的圆形壁饰

此外，儿童房墙面软装设计时还应考虑到性别上的差异。如男孩房可以增加一些和运动有关的壁饰、装饰画等元素，不仅装饰感强，而且还可以起到激发男孩运动细胞的作用。而女孩房在布置墙面软装饰品时，要满足女孩子爱幻想、爱漂亮、爱整洁的这些心理特点，为其打造出一个神秘且梦幻的空间。

△ 太空主题的壁饰

△ 对称排列的击剑面罩壁饰

△ 通过灯光衬托的卡通壁饰显得立体感十足

儿童房窗帘和地毯的搭配

窗帘

　　窗帘对于儿童房来说不仅可以起到遮挡强光和调节房间光线的作用，而且还具有画龙点睛的装饰效果。儿童房的窗帘应选择使用纯天然质地的布料，如纯棉、涤棉、亚麻等，这些材料不仅手感舒适，而且清洗起来也十分方便。挑选儿童房窗帘时，不要采用落地帘，最好将长帘换成短帘。此外，窗帘杆的造型应该尽量简单并且安装要牢固，以免因孩子的拉拽而轻易脱落。

　　由于孩子天性活泼，因此儿童房窗帘的颜色也可以丰富一些。而且窗帘的图案也可以选，比如 hello kitty、米老鼠、小熊维尼等孩子们喜欢的卡通人物，带有卡通图案的窗帘既能起到遮挡阳光的作用，还能为儿童房增添一抹童真。也可以选择一些带有星星和月亮图案的窗帘，这些图案能起到平复孩子心情的作用，让孩子更容易入睡。此外，还可以根据孩子喜欢的类型来选，例如男孩可能会选玩具车、帆船之类的图案，女孩喜欢梦幻一点的卡通图案，比如白雪公主、米老鼠、小熊维尼等。

@金螳螂－颜锐设计

甜美公主房主题的儿童房少不了粉色窗帘的点缀。

△ 蓝色是男孩房窗帘的常见颜色，但在搭配时应注意与整体色彩的协调

地毯

地毯是一种有别于地砖、地板的软性铺装材料，其良好的防滑性和柔软性可以使人在上面不易滑倒和磕碰。因此，在儿童房内铺设地毯，不仅可以增添空间的时尚感，而且由于孩子喜欢在地面上摸爬滚打，地毯可以遮盖住冷硬的地面，并在孩子玩乐时起到一定的保护作用。与地板、地砖相比，地毯因其紧密透气的结构，可以吸收及隔断声波，因此具有良好的吸声和隔声效果，不仅可以保持室内的安静，还能防止孩子在玩闹时声音太大而影响到邻居。

在儿童房的地面铺设图案丰富、色彩绚丽、造型多样化的地毯，不仅可以提亮整个空间，而且还可以激发孩子的好奇心和求知欲。此外，儿童房的地毯尺寸应尽量大一些，同时最好在地毯和墙面之间留出200mm~300mm的距离，以显露出原有的地板，从而使外露的地板可以框住地毯，并且有助于固定房间里的家具。如果儿童房的空间较小，则可以考虑标准的矩形和方形地毯。

△ 红黑色几何图案的圆形地毯适用于男孩房

常见的儿童房地毯图案

△ 对地毯与墙面上几何图形的认知，有利于培养孩子的空间想象
能力

△ 多彩地毯的视觉冲击力特别强，也让儿童房显得活泼有趣

　　由于孩子在嬉戏时常会坐在甚至是趴在地毯上，
因此在为儿童房搭配地毯时一定要确保其安全性以
及环保性。羊毛地毯不仅会随着时间的推移而变软，
而且经久耐用，更重要的是，它是一种天然纤维，
因此非常适合运用在儿童房的空间中。

△ 羊毛地毯质地柔软，在儿童坐在或趴在地毯上嬉戏时可起到一
定的保护作用

第六章

书房空间软装搭配细节

书房软装搭配法则

① 书桌的摆设形式是书房家具布置的关键，直接影响书柜或书架的摆设位置，建议结合书房的格局进行考虑。

② 书房可采用吊灯照明或间接光源的形式，书桌上方是照明设计的重点区域，书柜中的照明除了方便拿取物品之外，也可更好地烘托氛围。

③ 因为通常书柜占了很大一部分墙面空间，所以书房中空余的墙面面积不会太大，挂画是最为常见的装饰方式。

④ 书桌上适合摆设与阅读、书写有关的软装饰品，对书柜上的书籍与摆件进行相间陈列，也可取得不错的装饰效果。

@ H DESIGN

书房空间灯光照明设计

书房照明重点

　　书房照明主要满足阅读、写作之用，要考虑灯光的功能性。书房的照明应从两个角度来分析，一种是稳定明亮的全局照明，另一种则是具有针对性的局部办公区域照明，后者的用光比前者更加重要。书房照明的灯光要柔和明亮，避免眩光产生疲劳，使人舒适地学习和工作。

△ 嵌入式筒灯 + 台灯 + 书柜灯带

△ 顶面灯带 + 吊灯 + 嵌入式筒灯 + 书柜灯带

△ 顶面灯带 + 吊灯 + 书柜灯带

◎ 书桌区照明

书桌区可以选择具有定向光线的可调角度灯具，既保证光线的强度，也不会看到刺眼的光源。如果居住者经常会在书桌区域中进行书写、阅读，最简单的照明设计方式是拉近灯光与书桌的距离，使灯光能够直接而准确地照亮书桌区。

△ 具有定向光线的可调角度灯饰是书桌区域的常用照明

◎ 书柜区照明

书柜中嵌入灯具进行补充照明可以提升房间的整体氛围，既可突出装饰物品，也能帮助找到想要的书。具体可根据书柜的实际格局，选择不同的嵌入式照明方式来满足居住者不同方面的照明需求。

◎ 阅读区照明

若是在书房中的单人椅、沙发上阅读时，最好采用可调节方向和高度的落地灯。

△ 书房的单人椅旁边适合放置可调节方向和高度的落地灯提供照明

书柜中加入灯光照明既可增加装饰作用，又可方便查书，建议提前与家具定制商沟通，选用较厚层板，开槽嵌入灯带。

书房灯具选择与安装位置

书房中灯具的造型应符合一般学习和工作的需要，需要平和、安宁的氛围，一定不能使用斑斓的彩光照明，或者是一些光线花哨的镂空灯具。尤其是书桌上配置的台灯宜用白炽灯，瓦数最好在 60W 左右，太亮或太暗都对视力不利，材质上也不宜选择纱、罩、有色玻璃等装饰性灯具，以达到清晰的照明效果。

书房中的灯具避免安装在座位的后方，如果光线从后方打向桌面，这样阅读会容易产生阴影。如果想通过吊灯来点亮书桌区，最好使用加长型吊灯。但安装吊灯时要考虑人在书桌周围坐下以后的朝向、高度等因素，让吊灯能够为书桌提供所需的照明。

此外，在电脑周边安设灯具时需注意，不要让光线直接照射在电脑屏幕上，否则会在屏幕上形成明显反光区，造成电脑操作者的阅读障碍，并会使其眼部发生不适感。

△ 为了适应工作性质和学习需要，书房中宜选用带反射灯罩、下部开口的直射台灯

△ 书房的灯具应符合整体空间的装饰风格，另外造型上也不宜过于复杂，以保证清晰的照明效果

书桌

◎ 单人书桌

单人书桌常规尺寸

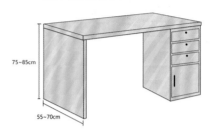

书房空间的面积是有限的，所以单人书桌的功能应以方便工作，便于查找物品等实用功能为主。单人书桌的宽度在55~70cm，高度在75~85cm比较合适。

◎ 双人书桌

双人书桌常规尺寸

可以给两个人提供同时学习或工作的空间，并且互不干扰，尺寸规格一般在75cm×200cm，不同品牌和不同样式的双人书桌尺寸各不相同。

◎ 组合式书桌

组合式书桌集合了书桌与书架两种家具的功能于一体，款式多样，让家更为整洁，节约空间，并具有强大的收纳功能。组合式书桌大致有两种类型，一类是书桌和书架连接在一起的组合，还有一类是书桌和书架不直接相连，而是通过组合的方式相搭配。

△ 书桌和书架不直接相连的组合式书桌

△ 书桌和书架连接在一起的组合式书桌

很多小书房是利用角落空间设计的，这样就很难买到尺寸合适的书桌和书柜，定制或现场制作是一个不错的选择。如果书房选择现场制作书桌，可以考虑在桌面下方留两个小抽屉，这样很多零碎的小东西都可以收纳于此，需要注意的是抽屉的高度不宜过高，否则抽屉底板距离地面太近，可能下面的高度不够放腿。

△ 根据异形飘窗台量身定制书桌与储物柜

△ 书桌、书柜与榻榻米连接的设计，让小空间实现多种功能

△ 利用转角处制作的 L 形书桌

△ 利用过道的墙面制作书桌

面积不大的书房可以考虑靠墙悬挑一块台面板代替写字桌的功能，会使整个空间显得比较宽敞。但是需要注意的是这种悬空的台面板最好不要过长。否则使用了一段时间以后会出现弯曲现象。这是因为跨度比较大，承受的重力比较大引起的。因此制作类似书桌的时候建议用双层细木工板制作，以保证其使用的寿命。

△ 在封闭式且狭长的过道的尽头，用两头入墙的方式固定台面板

△ 双人使用的台面板跨度较长，应具备一定的承重压力

△ 利用窗边的墙面制作台面板

书桌的布局与窗户位置很有关系，一要考虑灯光的角度，二要避免电脑屏幕的眩光。

很多书房中都有窗户，书桌常常被摆在面对窗户的方向，以为这样使用可以在阅读、办公时欣赏到窗外的风景。其实，工作时窗户过量的室外光容易让人分散精神，更容易开小差。并且当电脑屏幕背对窗户时，也容易因为光线的干扰而影响视物，难以集中精神。因此，无论是办公桌还是阅读椅，人坐的方向最好背向或侧向窗户，才更符合阅读需求。

◎ 书桌靠墙摆设

在一些小户型的书房中，将书桌摆设在靠墙的位置是比较节省空间的。但由于桌面不是很宽，坐在椅子上的人脚一抬就会踢到墙面，如果墙面是乳胶漆的话就比较容易弄脏。因此设计的时候应该考虑墙面的保护，可为桌子加个背板。

◎ 书桌居中摆设

面积比较大的书房中通常会把书桌居中放置，显得大方得体。但应解决好插座、网络等问题。如果精装房中离书桌较近的墙面上没有预留插座的位置，也可以在书桌下方铺块地毯，接线从地毯下面通过。

△ 如果书桌靠墙摆放，可在墙上增加搁板的功能

△ 面积较大的书房通常选择居中摆设书桌的方式

书柜

书柜在软装设计中已经不仅仅是放置书籍的地方，同时它还起到装饰的作用。配上精美和古典的书籍能显示居住者儒雅的气质。选购一个高端、大气、上档次的书柜显得尤为重要。

一般来说，210cm 高度的书柜即可满足大多数人的需求；书柜的深度约 30~35cm，当书或杂志摆好时，这样的深度能留一些空间放些饰品。由于要受力，书柜的隔板最长不能超过90cm，否则时间一长，容易弯曲变形。

以人体工学而言，超过 210cm 以上的书柜高度较不易使用，但以收纳量来讲，当然是越高放得越多，可考虑将书柜分为上、下两部分，常看的书放在开放式柜子上，方便查阅和拿取；不常看或收藏的书放在下层，做柜门遮盖，能减少在行走及活动时扬起的灰尘或是碰撞。

书柜常规尺寸

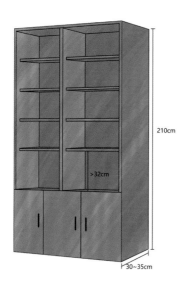

如果家中的藏书量很多，书架至顶就很有必要，通常最上层放置不常用的书籍，可以设计一个梯子，方便拿取过高的书籍。

△ 开放式与封闭式相结合的书柜更方便日常物品的取放

书柜的造型取决于空间的大小和居住者的需求。一般来说，通常将书柜造型分为三大类：一字形书柜、不规则形书柜、对称式书柜。

◎ 一字形书柜

这类书柜造型简单，由同一款式的柜体单元重复而成的。这样的设计通常比较大气稳重，适合比较大、开放的空间，也适合用来营造居住者的文化品位。

◎ 对称形书柜

这类书柜通常有一个中轴线，成左右对称。这个中轴线可以是柜体本身，但多数情况下会是一张书桌。对称设计常在小空间中发挥优势，容易凸显秩序，又能提升空间利用率。

◎ 不规则形书柜

这类书柜的柜体布置不是对称的，可以通过柜层的高度、宽度不同，或者门板的设计不同来体现。不规则设计的书柜通常比较时尚、个性，备受年轻人喜爱。

在家居设计越来越多元化的今天，大型的书籍收纳架已经不再是书房空间专宠。因此，如果家中的藏书较多，又没有独立的书房空间用于收纳书籍，可以考虑在客厅中依附墙面设置一个大型的嵌入式书柜，将众多的书籍整整齐齐地收纳起来。

有些家居空间过道旁的墙面区域，也完全可以将其利用起来。如果家中的过道较为狭长，可以考虑在过道的墙面设计一个大型的书架，看书放书都十分便利。由于日常生活中经常要在过道空间走动，因此书架的摆设可以提高阅读的频率，不必担心书籍会被闲置，还能为室内空间增添满满的书香气息。

还有些住宅将书柜放在卧室中，像欧美家庭一样，利用床头的背景墙，做成整面收纳书柜，使得床头阅读更加方便。但随着居住户型越来越小，这种可以提高空间利用率的方式，越来越受到小户型居住者的喜爱。

△ 在卧室床头布置书柜

△ 利用过道墙面设计书柜

△ 在客厅中设计入墙式书柜

书房插花与摆件工艺品搭配

插花

书房是家中学习和工作的场所，需要营造幽雅清静的环境气氛。如果书房面积较小，就可以选择花器体积较小，花束较小的插花，以免产生拥挤的感觉。如在小巧的花器中插置一两枝色淡形雅的花枝，或者单插几枚叶片，几枝野草，倍感优雅别致。凤铃草、霞草、桔梗、龙胆花、狗尾草、荷兰菊、紫苑、水仙花、小菊等花材均宜采用。面积大的书房可以选用那些体积大、有气势的花器，比如落地陶瓷花器。

此外，书房可摆放一些清香淡雅的绿植，比如菖蒲、文竹等。还可以在书桌或电脑桌上摆上一些欧式风格的仿真花盆栽。每当看书或者使用电脑累了的时候看一眼会让人消除疲乏，同时也增加了整个房间的浪漫气息。

△ 在中式风格的书房中，松柏盆景搭配根雕摆件更能营造出幽雅清净的文化氛围

1 文竹 **2** 菖蒲

△ 小型盆栽、中型插花与大型绿植巧妙搭配，在书房中形成一个立体式的花艺组合

摆件工艺品

书房需要营造安静的氛围，所以摆件工艺品的颜色不宜太过跳跃、造型避免太怪异，以免给进入该区域的人造成压抑感。

◎ 现代风格书房

在选择摆件工艺品时，要求少而精，适当搭配灯光效果更佳。

牛骨字母造型书档一
约 **200** 元 / 个

进口牛骨收纳盒摆件
约 **600** 元 / 个

△ 现代风格书房的摆件工艺品宜造型简洁，可与书籍一起搭配摆放

◎ 中式风格书房

书桌上常用的软装饰品有不可或缺的文房四宝，笔架、镇纸、书挡和中式造型的台灯。

锌合金吊挂香炉
约 **140** 元 / 个

△ 在中式风格书房中，毛笔架等文房四宝是表现书香气息的最佳元素

◎ 新古典风格书房

可以选择金属书挡、不锈钢或水晶烛台等摆件。

水晶球摆件
约　元 / 个

进口牛骨国标象棋书档摆件
约　元 / 个

△ 金属书挡和水晶制品是新古典风格书房中较为常见的摆件工艺品

书房同时也是一个收藏区域，如果摆件以收藏品为主也是一个不错的方法。可以选择有文化内涵的收藏品作为重点装饰，与书籍或居住者个人喜欢的小饰品搭配摆放，按层次排列，整体以简洁为主。

第七章

厨卫空间的软装搭配细节

厨卫空间软装搭配法则

① 厨房的灯具应把功能性放在首位，最好选择外壳材料不易氧化和生锈的灯具，或者是表面具有保护层的灯具。卫浴间的灯具最好具备防水、散热及不易积水等功能，材质最好选择玻璃及塑料密封为佳，容易方便清洁。

② 窗帘款式应以简洁为主，好清理的同时也要易拆洗，除了百叶帘、卷帘等款式之外，如果是布艺类的窗帘，应尽量选择能防水、防潮、易清洗的面料。

③ 厨房和卫浴间都适合加入装饰画的点缀，厨房中的挂画可考虑贴近生活的题材，卫浴间可选择抽象画，但同样需要选择易于清洁的材质。

④ 在这两个功能区中铺设地毯可以增色不少，但除了考虑易于清洁之外，地毯的选择一定要考虑吸水、防滑的问题。

⑤ 这两个功能区的软装饰品要在考虑美观的基础上，还要考虑防火、防潮、易于清洁等重点，避免选择容易生锈的装饰品。

@ 家语设计

厨卫空间灯光照明设计

厨房照明重点

厨房除了烹饪以外，有时也会在此享用早餐，或是跟家人谈笑聊天，因此照明也必须从功能和气氛这两方面来进行考虑，基本上会用整体照明与局部照明来进行组合。整体照明最好采用顶灯或嵌灯的设计，并且采用不同的灯光布置形式，它既可以是一盏灯具带来的照明，也可以采用组合式的灯具布置。局部照明主要分为三块区域：

◎ 料理台照明

从结构上进行划分，料理台的下方又可分为半封闭式和封闭式两种类型。其中半封闭式多用于独立式料理台的设计中，便于就座，具有简易就餐区的功能，这类料理台更适合于氛围照明。如果是封闭式料理台，可在其最下方的位置安装线形隐藏式灯带，能够为空间注入一份神秘的气息。

△ 具有简易就餐区功能的料理台适合氛围照明

◎ 操作区照明

　　厨房操作区通常可划分为两大类，一类是具有隔断作用处于外侧的独立式操作台，还有一类是一面靠墙，且上方往往装有吊柜的常规型操作台。虽然同属于厨房操作区域，但这两种操作台在用光方面却存在很大区别。

　　由于独立式操作台的四周没有任何墙面可供安装灯具，因此，一般选择吊灯作为该区域的最佳光照设备。至于另一类操作区，厨房的油烟机上面一般都带有 25~40W 的光源，它使得灶台上方的照度得到了很大的提高。有的厨房在切菜、备餐等操作台上方设有很多柜子，也可以在这些柜子底部安装局部照明灯具，以增加操作台的亮度。

△ 一面靠墙的操作台可在吊柜下方安装灯带，增加该区域的亮度

△ 具有隔断作用处于外侧的独立式操作台选择吊灯作为照明设备

类型	特点
LED 灯带	在中高端厨房中，LED 灯带通过特殊设计，安放在墙体、台面沥水线位等区域，既能针对性地提供照明，也能体现档次与品位
LED 筒灯	筒灯适合安装在吊柜底部靠后的位置，为台面、洗碗槽等区域提供照明
迷你转角灯	台面转角处常会放油、盐、酱、醋、调味品等零散东西，适合安装迷你转角灯，转角光源通常安装在吊柜底部靠后的位置，独立触摸开关
免拉手灯	嵌装在吊柜底板的前端位置更美观，但底板需减尺。独立红外手扫感应开关，使用方便且不费电

◎ 水槽区照明

厨房间的水槽多数都是临窗的，在白天采光会很好，但是到了晚上做清洗工作就只能依靠厨房的主灯。但主灯一般都安装在厨房的正中间，这样当人站在水槽前正好会挡住光源，所以需要在水槽的顶部预留光源。

◎ 收纳柜照明

收纳吊柜的灯光设计也是厨房照明不可或缺的一个重要环节，可在收纳吊柜内部的最上侧安装照明筒灯即可。为了突出这部分照明效果，通常会采用透明玻璃来制作橱柜门，或者是直接采用无柜门设计。

△ 厨房临窗的水槽上方宜安装小吊灯作为辅助照明

△ 在收纳吊柜内部的最上侧安装照明筒灯，同时配合玻璃门的设计

厨房灯具搭配

　　厨房照明以工作性质为主，建议使用日光型照明。除了在厨房走道上方装置顶灯，照顾到走动时的需求，还应在操作台面上增加照明设备，以避免身体挡住主灯光线，切菜的时候光线不充足。通常采用能保持蔬菜水果原色的荧光灯为佳，这不单能使菜肴发挥吸引食欲的色彩，而且有助于主妇在洗涤时有较高的辨别力。真正适合厨房的灯具基本就是发光面比较大的灯具，这类灯具发出的光线是全方向的、柔和的，再经过墙面和顶面的漫反射后会均匀地布满整个厨房，将所有的部位都照亮。

　　安装灯具的位置应尽可能地远离灶台，避开蒸汽和油烟，并要使用安全插座。灯具的造型应简单，把功能性放在首位，最好选择外壳材料不易氧化和生锈的灯具，或者是表面具有保护层的灯具。

△ 餐厨合一的空间照明宜以功能性为主

△ 开放式厨房的光源可采用筒灯与轨道射灯的形式

△ 厨房中灯具应远离灶台的位置，同时宜选择表面不易氧化和生锈的材质

卫浴间照明重点

◎ 镜前区照明设计

在通常情况下，如果镜前区域的灯光没有过多的要求，那么可考虑在镜面的左右两侧安装壁灯。条件允许的话也可在镜面前方安装吊灯，还有一种方法是在镜子的上方安装直接照明的灯具，比如选择一款长条形的灯具覆盖镜前区域。

1 镜子上方安装可调节角度的壁灯

2 镜子两边安装壁灯

3 镜子前方安装吊灯

4 镜子的周围安装灯带

◎ 洗浴区照明设计

　　卫浴间的洗浴区通常被分为浴缸区和淋浴区。在灯光设计上基于两个原则，一种是实用性的灯光设计，是指以照明为主的灯光设计，其中最为重要的设计要点便是灯具的防水性。

　　另一种是用于营造氛围的灯光设计，是指利用光线的营造，或者是特殊灯具的使用，给洗浴空间带来一种别样的氛围。比如选择以烛台灯具渲染氛围，但使用时要注意添加一款防水灯罩。

△ 以顶面嵌入式筒灯结合墙面灯带的方式作为淋浴区的主要照明

△ 独立式浴缸上方的精美烛台吊灯形成空间亮点，应注意加防水灯罩

△ 浴缸一侧的球形吊灯起到装饰和调节氛围的作用

177 -

◎ 盥洗区照明设计

可考虑在面盆正上方的顶面安装筒灯或组成吊灯，同时照亮镜面与面盆区，盥洗台下方区域的灯光设计可把重点放在实用性上，例如可在盥洗台最下方的区域安设隐藏灯具，通过其所散发出的照明光线，为略显昏暗的卫浴空间提供安全性的引导照明。

△ 盥洗台的底部安装灯带，为采光不足的卫浴空间提供安全性的引导照明

△ 因盥洗区面积较大，所以嵌入式筒灯＋灯带＋壁灯的组合可以带来稳定而均衡的照明

◎ 坐便区照明设计

在为坐便区选择照明灯具时，应当将实用性与简约性放在首位，即使仅仅为其安装一盏壁灯，也可起到良好的照明效果。但如果想利用灯光设计为此处增加几分艺术感，那么就需要加入一些具备装饰性的灯光处理。

△ 坐便器的上方安装一盏壁灯可以起到良好的照明效果

卫浴间灯具搭配

卫浴间的灯具最好具备防水、散热及不易积水等功能，材质最好选择玻璃及塑料密封为佳，以方便清洁。

在小户型住宅及一些卧室中附带卫浴间的室内空间中，卫浴间的面积通常略显狭小，应选择一款相对简洁的顶灯作为基本照明。这样不仅可减少空间中所使用的灯具数量，还可最大程度降低灯具对空间的占用率。在各种灯具中，又以吸顶灯与筒灯为最佳选择。如果卫浴间的层高足够高挑，那么可考虑选择一款富有美感的装饰吊灯作为照明灯具。这样使得卫浴间在拥有充足照明的同时，还能获得更加浓郁的情调与装饰效果。

如果卫浴空间比较狭小，可以将灯具安装在吊顶中间，这样光线漫射，从视觉上有扩大之感。大面积卫浴间的灯具照明可以用壁灯、吊灯、吸顶灯、筒灯等。卫浴间的壁灯一般安装在镜子两边，如果想要安装在镜子上方，壁灯最好选择灯头朝下的类型。由于卫浴间潮气较大，所选的壁灯都应当具备防潮功能，风格可以考虑与水龙头或者浴室柜的拉手有一定的呼应。

△ 卫浴间灯具应具备防水与防潮的性能，玻璃材质的灯罩是最常见的选择

△ 富有美感的装饰吊灯适合面积较大并且层高足够高挑的卫浴间

厨卫空间布艺织物的应用

窗帘

　　厨房窗帘一般有两种材质可以选择，一是百叶窗帘，多以铝合金、木竹烤漆等材质加工而成，在厨房内长时间使用也不会有很大的变化。二是卷帘窗帘，这类窗帘采用的是聚酯涤纶面料或者玻纤面料，能够防高温防油污，并且方便卷起放下，实用性很高。卷帘的花色材质比较多，有些厨房专用的卷帘，可以防油污还好擦洗，所以不用担心卫生的问题。

　　由于布艺窗帘的装饰性强，适合不同风格的厨房，因此也受到不少年轻人的喜爱。设计时可将厨房窗户分为三等分，上下透光，中间拦腰悬挂上一抹横向的小窗帘，或者中间透光，上下两边安装窗帘。这样一来，不仅保证厨房空间具有着充足的光线，同时又将阻隔了外界的视线，不做饭的时候就可以放下来，达到了美化厨房的效果。

百叶窗的控制方式有手动和电动两种，做饭炒菜的时候按下电动开关，放下或卷起都是很轻松的。

@ 赛拉维设计

△ 厨房的窗户中间透光，上下两边安装窗帘，这种形式兼具实用性与装饰性

@ 暇著设计

△ 厨房的窗帘除了考虑美观之外，还应选择耐高温耐油污的面料

卫浴间较为潮湿，很容易滋生霉菌，因此窗帘款式应以简洁为主，好清理的同时也要易拆洗，尽量选择能防水、防潮、易清洗的布料，特别是那些经过耐脏、阻燃等特殊工艺处理的布料为佳。同时，卫浴间也是比较私密的空间，因此朝向朝外的窗帘可以选择遮光性较好的材质，同时具备一定的防水功能。

卫浴间通常以安装百叶窗为主，既方便透光，还能有效保护隐私；上卷帘或侧卷帘的窗帘除了防水功能之外，还且有花样繁多、尺寸随意的特点，也特别适合卫浴间使用。也有不少家庭会在卫浴间里安装纱帘，虽然纱帘很薄，但其遮光功能还是非常好的。拉上纱帘后，不仅不影响卫浴间的采光，同时还能保证隐私，使用很方便。

在所有窗帘中，罗马帘可以说是一种很美观的窗帘，可以为卫浴间增色不少。罗马帘也是布艺窗帘中的一种，加上卫浴间的环境偏潮湿，并不适合长期使用。不过目前制作罗马帘的材料也有很多种，可以为卫浴间挑选具有防水防潮性能的面料。

△ 罗马帘可为欧式风格的卫浴间增彩，但注意应采用具有防水防潮性能的面料

△ 百叶窗不但可以保护好室内隐私，还可以对卫浴间进行采光调整

△ 木质百叶窗 + 布艺窗帘的形式

浴帘

图画和颜色比较丰富的浴帘能扩展视线，为卫浴空间增加情景元素，特别适合白色或简洁风格的卫浴间装饰。而花色简洁素淡的浴帘，适合装饰色块多且杂的空间，特别是竖纹、条纹浴帘能延伸视线，可以让繁杂的视觉感变得单一集中。

浴帘的厚度也很重要，太厚或太薄都不太理想。太厚会导致透气性不好，使用之后上面的水渍也不容易干，时间久了还容易发霉。要是浴帘太薄的话，下垂感不好，所以浴帘的厚度最好是在 0.1~0.15mm。

浴帘的尺寸也是有讲究的，如果有浴缸的话，浴帘的宽度起码大于浴缸的 20cm，要是刚刚好的话浴帘就拉不严实了。如果没有浴缸的话，浴帘高度在 18~20cm，下摆离地的高度是 1~2cm，不能完全着地，不然会容易弄脏。

浴帘的安装需要用到浴帘杆，先将浴帘杆安装起来，然后把浴帘挂在上面，使用的时候就可以放下来，不使用时再收起来，并不会占用很多空间。

有的浴帘闻上去就会有一股刺鼻的气味，这是因为浴帘在生产的时候，上面会印有花纹图案，产生一股油墨味，如果质量不合格的话，环保自然不过关。新浴帘买回来之后，最好先拿出来挂一段时间，这样上面的气味就会散出去。

△ 花色简洁素淡的浴帘

△ 图画和颜色比较丰富的浴帘

地毯

在开放式厨房中布置地毯在国外是比较流行的，如果厨房空间比较大，而且通风情况比较好的话，也可以选择手工地毯，小尺寸的或者条毯都是不错的。

丙纶地毯多为深色花色，弄脏后不明显，清洁也比较简便，因此在厨房这种易脏的环境中使用是一种最佳的选择方案。此外，棉质地毯也是不错的选择，因为棉质地毯吸水吸油性好，同时因为是天然材质，在厨房中使用更加安全。但要注意放在厨房的地毯必须防滑，同时如果能吸水最佳，最好选择底部带有防滑颗粒的类型，不仅防滑，还能很好地保护地毯。

厨房洗手池下方区域铺设小尺寸地毯

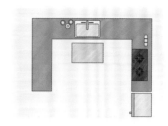

在厨房的通道上会铺设条毯

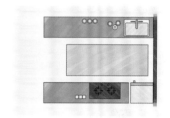

开放式厨房选择一块手工地毯装饰地面是比较流行的做法。

放在厨房的地毯必须防滑，同时如果能吸水最佳。

小小一块色彩艳丽的地毯可以为单调的卫浴间增色不少。由于卫浴间比较潮湿，放置地毯主要是为了起到吸水功效，所以应选择棉质或超细纤维地垫，其中尤以超细纤维材质为佳，在出浴后直接踩在上面，不但吸水快，而且触感十分舒适。

△ 棉质地毯

△ 羊毛地毯

△ 麻质地毯

装饰画

厨房在家居中是用于烹饪的场所，通常不会为其搭配太多的软装元素，因此容易产生枯燥沉闷的感觉。除了利用厨具作为墙面的创意装饰之外，还可以在厨房的墙面悬挂一组色彩明快、风格活泼的装饰画营造装饰焦点。

厨房墙面适合悬挂以贴近生活为题材的画作，例如小幅的食物油画、餐具抽象画、花卉图等。也可以选择一些具有饮食文化主题的装饰画，让人感觉生活充满乐趣。此外，在装裱厨房的装饰画时，应选择容易擦洗、不易受潮以及不易沾染油烟的材质。

△ 冰箱上方摆设一幅色彩突出的装饰画，点亮黑白色调的厨房空间

△ 厨房的装饰画应选择玻璃等不易受潮和沾染油烟的材质进行装裱

△ 装饰画宜挂放在远离灶台的位置，料理台上方的墙面就是一个不错的选择

为了体现出家居装饰的艺术性，越来越多的家庭选择在卫浴间的墙面上悬挂装饰画。卫浴间的装饰画需要考虑防水防潮的特性，如果干湿分区，那么可以在湿区挂装裱好的装饰画，干区建议使用无框画，像水墨画、油画都不是太适合湿气很多的卫浴间环境。

装饰画的色彩应尽量与卫浴间瓷砖的色彩相协调，面积不宜太大，数量也不要挂太多，点缀即可。画框可以选择铝材、钢材等材质，以起到防水的作用。

△ 浴间镜子旁边挂一幅小尺寸的装饰画，并与墙面色彩形成统一

△ 坐便器背后是放置装饰画的合适位置，画面可选择令人放松的自然风景或抽象的题材

△ 放在湿区墙面的装饰画应选择经过装裱的类型，防止湿气损坏画面

装饰镜

装饰镜是卫浴间中必不可少的装饰，美化环境的同时方便整理仪容，并且只要经过巧妙的设计，装饰镜会给卫浴间带来意想不到的梦幻效果。通常的做法是将镜子悬挂在盥洗台的上方，如果空间足够宽敞，可以在装饰镜的对面安装一面伸缩式的壁挂镜子，能够让人看清脑后方，方便进行染发等动作，如果卫浴间窄小，还可以在浴缸上方悬挂带有框的装饰镜，增加空间感，让卫浴间显得更宽敞。

卫浴间装饰镜的边框材质种类一般都是 PVC，也有不锈钢，因为卫浴空间常处于潮湿状态，木质、皮革等材质的边框使用一段时间后容易发生变形、掉色等众多问题。装饰镜的尺寸一般在 50~60cm 之间，厚度最好在 0.8cm 左右。

△ 卫浴间的装饰镜背后安装灯带，营造一种悬浮的视觉感

△ 卫浴间中的装饰镜除了整理妆容的作用之外，还具有很强的装饰性

△ 黑框的圆形装饰镜搭配竖条纹墙纸，富有古典气息

如果卫浴间镜面后方留有足够的空间，那么可考虑在其后方安装隐藏式灯带，让镜面呈现出一种悬浮式的效果。此外，还可考虑在镜面的边缘处增设照明设备，从而让照明光线能够与镜边轮廓的造型完美贴合。

小面积的卫浴间可以考虑在台盆柜的上方现场制作或定做一个镜柜，柜子里面可以收纳大量卫浴化妆的小物件，镜柜通常在现代风格家居中用的比较多，根据功能分为双开门式、单开门式、内嵌式等，需要根据墙面大小，选择适合的功能模式。

镜柜的宽度一般是 60cm、70cm、80cm，高度则在 60~80cm，深度则在 12~15cm。一般镜柜安装的尺寸是镜子下沿离地面至少有 135cm，具体的实际尺寸则以人站在镜柜前，头在镜子的正中间，这样成像效果合适，镜柜两边缩进 5~10cm，具体根据家庭成员之间的身高差距再灵活调整。

△ 两侧加入开放式展示柜的镜柜

△ 下侧加入开放式展示柜的镜柜

△ 中间加入开放式展示柜的镜柜

厨卫空间插花与摆件工艺品搭配

插花

　　厨房中的花瓶尽量选择表面容易清洁的材质，插花尽量以清新的浅色为主，设计时可选用水果蔬菜等食材搭配，这样既能与窗外景色保持一致，又保留了原本花材质感的淳朴。

　　厨房摆放的插花要远离灶台、抽油烟机等位置，以免受到温度过高的影响，同时还要注意及时通风，给插花一个空气质量良好的空间。

◎ 适合厨房摆设的植物

1 冷水花

2 吊兰

3 绿萝

4 芦荟

厨房中的中岛区因为远离灶台，是摆设插花的合适位置。

△ 在厨房养上一些植物，增添绿意的同时还可吸收油烟、清新空气

卫浴间的面积较小，可摆放一些不占地方的体态玲珑的插花，显得干净清爽。盥洗台上可以添置几个花架，摆上插花后能让卫浴间花香四溢，生机盎然。由于卫浴间的墙面空间比较大，可以在墙上布置一些壁挂式插花，以点缀美化空间。

　　卫浴间应挑选耐阴、耐潮的植物，如蕨类、绿萝、常春藤等，或根据空间的风格选择仿真花卉植物。通常清新的白绿色、蓝绿色是卫浴间插花的很好选择。

△ 玻璃花瓶 + 仿真花卉的组合是现代风格卫浴间中常见的插花形式

△ 绿萝比较耐阴，吸收有害气体的能力极强，在卫生间放上一盆绿萝，可以有效改善卫生间的空气质量

摆件工艺品

厨房在选择软装饰品时尽量照顾到实用性，要考虑在美观基础上的清洁问题，还要尽量考虑防火和防潮。玻璃、陶瓷一类的软装饰品摆件是首选，容易生锈的金属类摆件尽量少选。此外，厨房中许多形状不一，采用草编或是木质的小垫子也是很好的装饰物。

△ 在搁板上有序陈列杯碟，实用的同时富有观赏性

△ 选择与墙面颜色相协调的插花，增强空间的整体感

△ 厨房中适合布置陶瓷、玻璃材质等不易受油烟影响的工艺品摆件

卫浴间中的水汽很多，所以通常选择陶瓷、玻璃和树脂材质的摆件工艺品，这类饰品不会因为受潮而褪色变形，而且清洁起来也很方便。除了一些装饰性的花器、梳妆镜之外，比较常见的是的洗漱套件，既具有美观出彩的设计，还可以满足收纳需求。

△ 在浴缸一侧的窗台上布置数量较多的摆件工艺品，给沐浴带来好心情

美式轻奢陶瓷卫浴五件套
约 110 元/个

△ 美式轻奢陶瓷卫浴

△ 卫浴间的工艺饰品应具备防水和防潮的性能，可利用墙面壁龛或置物架进行陈设

无火藤条香薰（200毫升）
约 150 元/个

香薰蜡烛（对）
约 80 元/对

△ 使用蜡烛、香薰等小摆件是北欧风格空间调节生活情趣的一种方式